U0387574

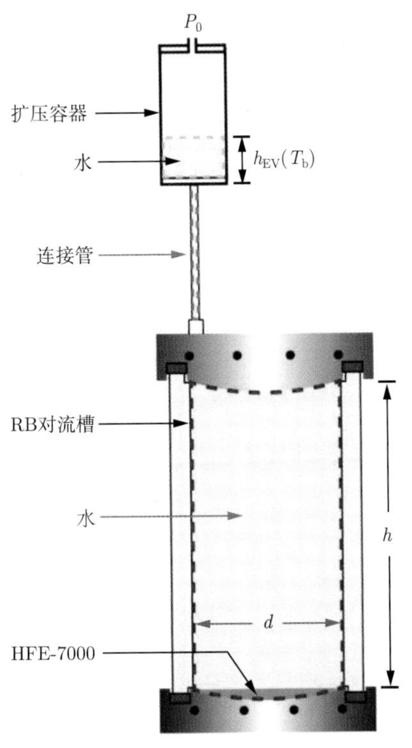

图 2.16　计算 HFE-7000 蒸气体积分数 α 的两相“类催化性颗粒”湍流系统图

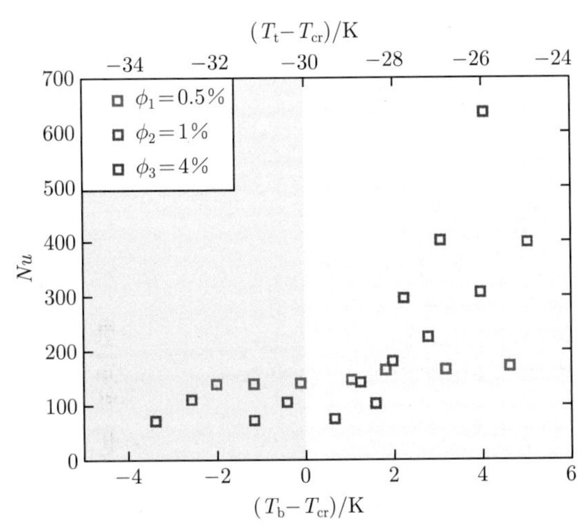

图 3.4　在 ϕ 的三个不同值下 Nu 与过热度（过冷度）的关系

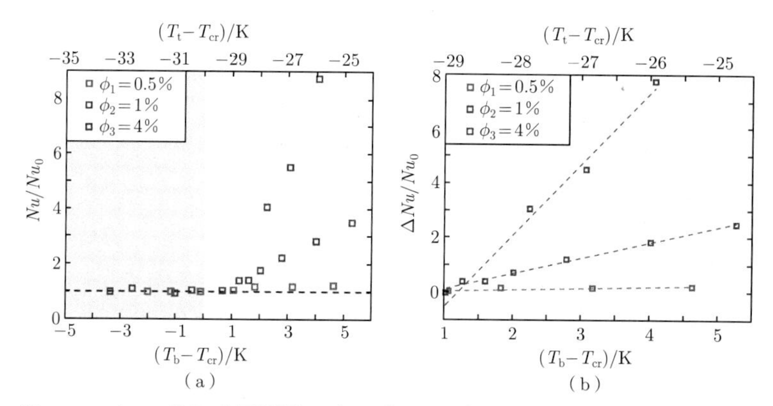

图 3.5　在 ϕ 的三个不同值下归一化 Nu 与过热度（过冷度）的关系

（a）归一化的 Nu/Nu_0 随系统过热度的变化图；（b）传热增强量 ΔNu 随系统过热度的变化图

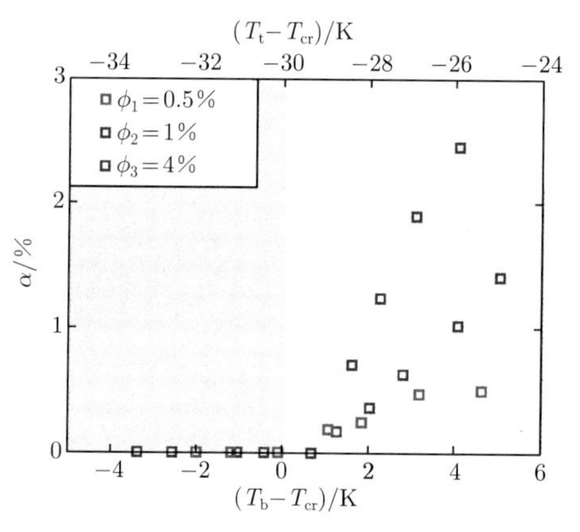

图 3.6　HFE-7000 蒸气泡体积分数 α 随过热度增加的变化情况

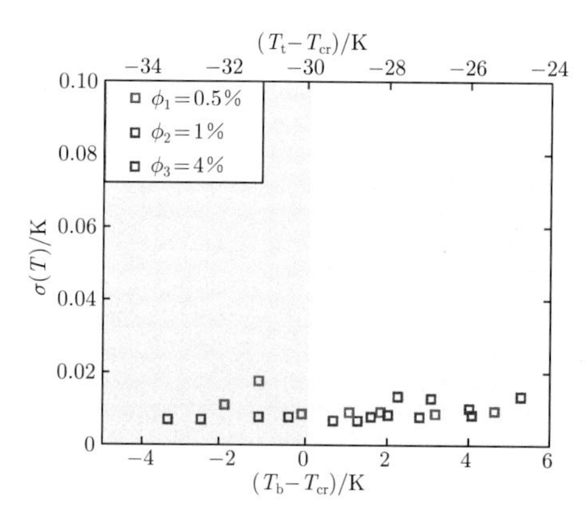

图 3.7　两相“类催化性颗粒”湍流系统上板温度的标准差 σ

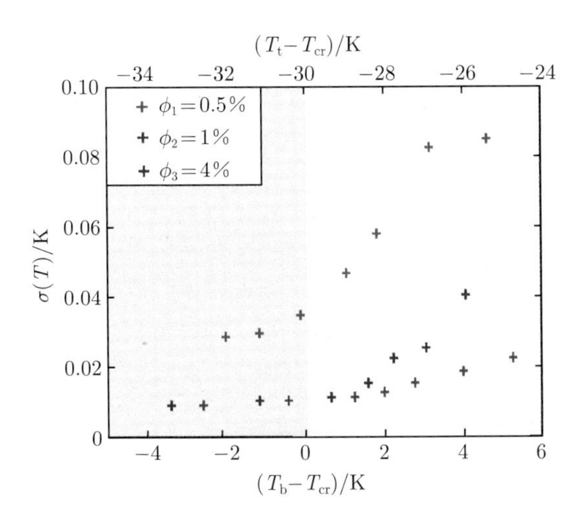

图 3.8 两相"类催化性颗粒"湍流系统下板温度的标准差 σ

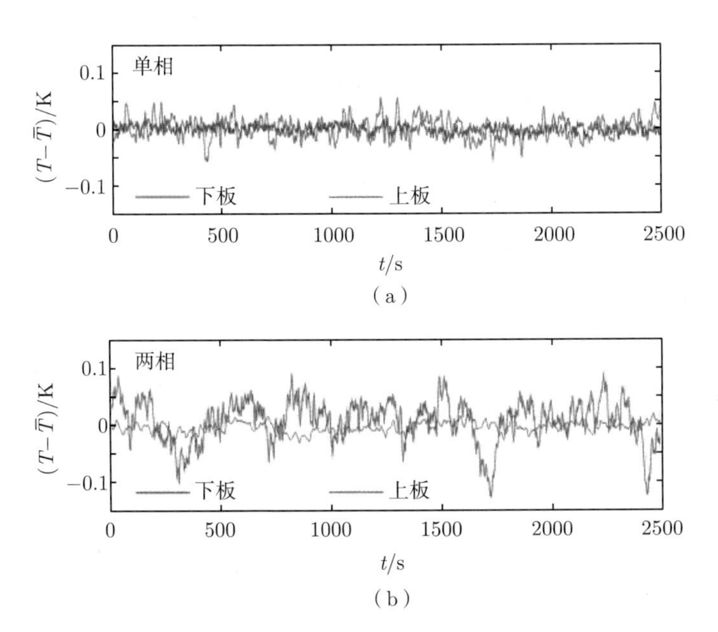

图 3.9 上板和下板在单相状态和两相状态的温度信号比较

(a) 单相状态时上板和下板的温度 T 偏离相应的平均温度 $\overline{T}$ 的温度偏差 $(T-\overline{T})$ 的时间序列；
(b) 两相状态时上板和下板的温度 T 偏离相应的平均温度 $\overline{T}$ 的温度偏差 $(T-\overline{T})$ 的时间序列

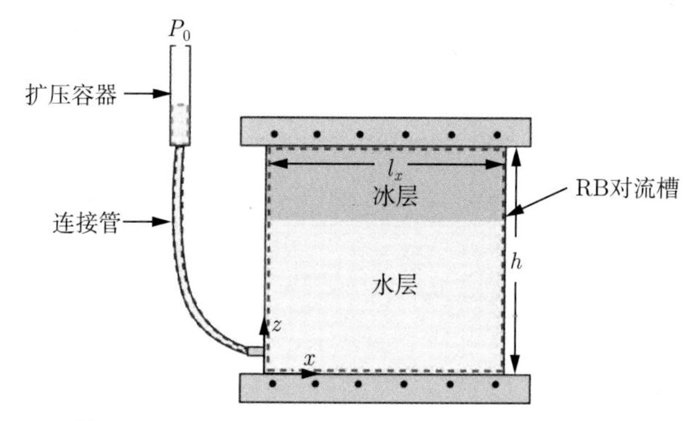

图 4.3　计算实验中空间平均冰层厚度 h_0 的两相热对流结冰-融冰系统

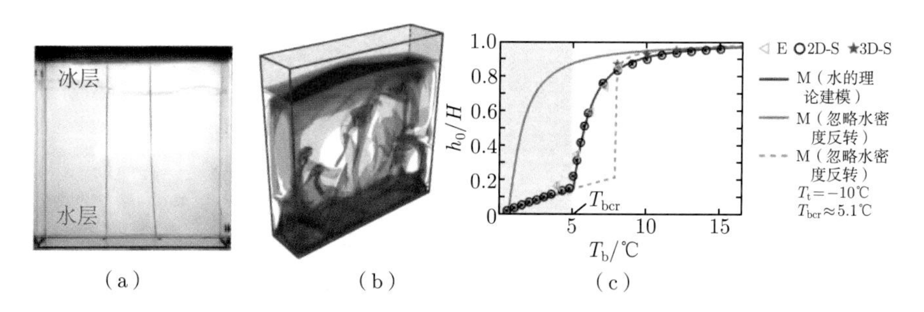

图 4.7　系统处于平衡状态时的实验、数值模拟和理论建模结果对比

（a）实验结果；（b）三维直接数值模拟流场可视化结果；（c）归一化的冰水界面位置 h_0/H 随下板加热温度 T_b 的变化图

注：$T_t=-10$℃，$T_b\approx8$℃，系统均为上部冷却，下部加热，侧壁绝热状态；在图（b）中蓝色区域表示冰层，红色区域表示水层，图中相同颜色的曲面表示等温面；T_{bcr} 表示系统内对流开始的临界下板加热温度（在研究的参数空间内，$T_{bcr}\approx5.1$℃，从水的理论模型中进行预测的结果），超过 T_{bcr} 系统将处于对流状态。实验的误差棒（在三角形内，与三角形符号大小相当）来自测量误差；模拟的误差棒（在圆圈内）小于符号大小，表示二维直接数值模拟结果和三维直接数值模拟结果之间的最大差异。

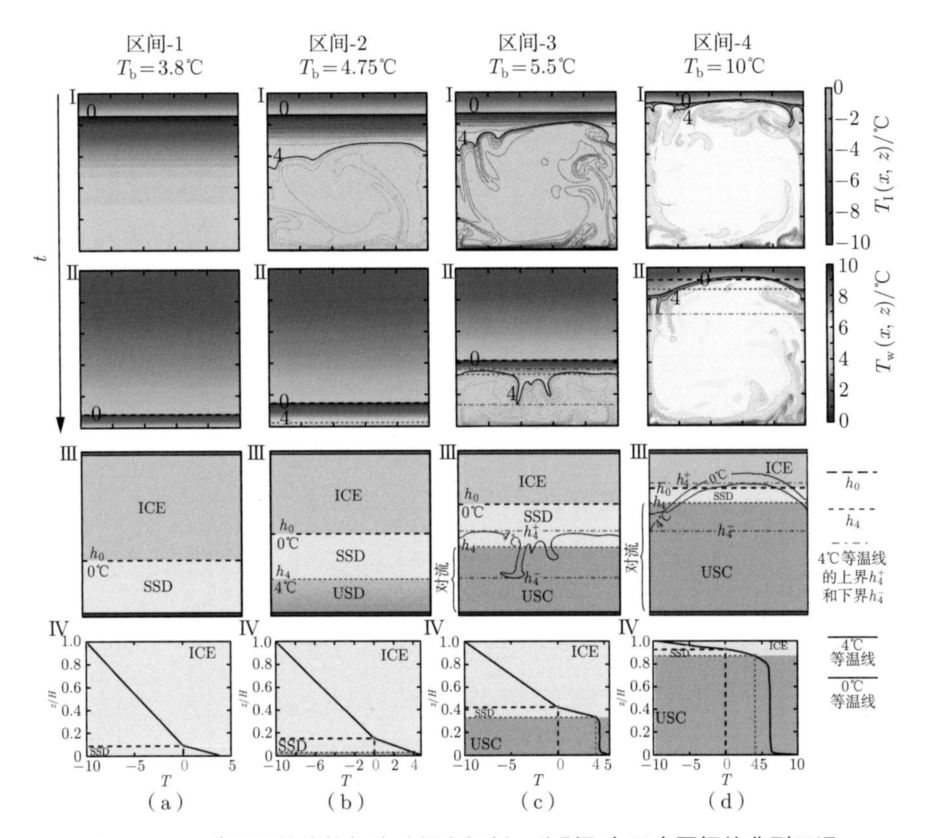

(a) (b) (c) (d)

图 4.8 四种不同的传热与流动耦合机制：分别取自四个区间的典型工况

(a) T_b = 3.8℃；(b) T_b = 4.75℃；(c) T_b = 5.5℃；(d) T_b = 10℃

注：(a) ～ (d) 中的子图 I 和 Ⅱ 表示典型工况的时间演化温度场；(a) ～ (d) 中的子图 Ⅲ 表示系统处于平衡状态时的热分层特性模型图，其中相邻层（不同颜色区域）之间的界面（水平线）表示空间平均的位置，标有温度值的线为瞬态等温线；黑色虚线代表 h_0（平衡时的空间平均冰水界面位置)；蓝色虚线代表 h_4（平衡时的空间平均 T_c 等温线位置)；(a) ～ (d) 中的子图 I，Ⅱ 和 Ⅲ 中粗黑色曲线代表 0℃ 和 T_c 瞬时等温线；(a) ～ (d) 中的子图 Ⅱ 和 Ⅲ 中点划线表示 T_c 瞬时等温线的空间最高位置水平 h_4^+ 和空间最低位置水平 h_4^-；(a) ～ (d) 中的子图 Ⅳ 对应于四种典型工况平衡状态时的时空间平均温度剖面。(a) ～ (d) 中的子图 Ⅲ 和 Ⅳ 中蓝色区域、黄色区域和橙色区域分别表示冰（ICE)、稳定分层层（SS）和不稳定分层层（US)。为了使流动结构更明显，采取了两种处理方法：①在冰相和水相中分别采用不同的两套配色方案（见（d）图右侧的两个色条，分别对应冰内温度 $T_I(x,z)$ 和水内温度 $T_w(x,z)$)；②在 (a) ～ (d) 的温度场中展示更多的等温线，可以使得冷羽流和热羽流结构更明显。

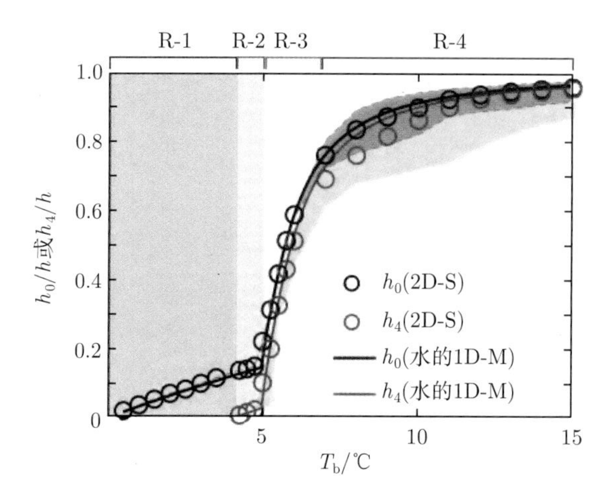

图 4.9　理论模型预测系统稳定态全局参数和具有空间波动的直接数值模拟结果的比较

注：模拟结果的空间平均值用圆圈表示；模拟结果的空间波动用阴影区域表示：黑色阴影区域和红色阴影区域分别表示瞬时冰水界面和 T_c 等温线的空间波动。在区间-4 中，T_b（Ra_e）较高，由于不同层之间的强烈相互作用，对 h_4 的预测与理论模型略有偏差。

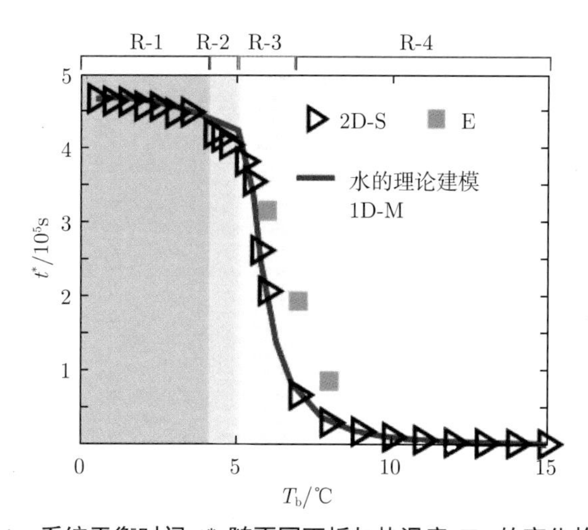

图 4.11　系统平衡时间 t^* 随不同下板加热温度 T_b 的变化趋势

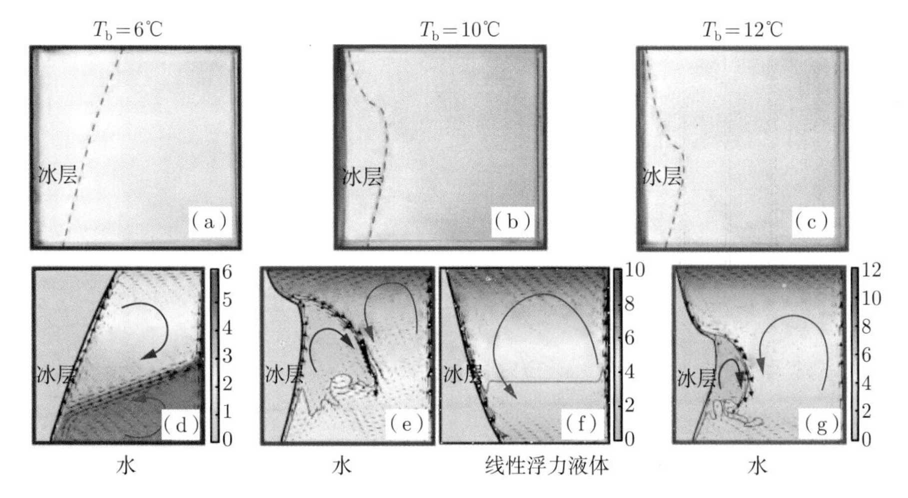

图 5.2　垂直对流系统中冰水界面形貌比较

(a)、(b) 和 (c) 表示实验结果；(d)、(e) 和 (g) 表示相应的直接数值模拟结果；(f) 表示线性浮力液体的模拟结果

注：加热条件分别为：(a) 和 (d) 中 $T_b = 6$℃，(b) 和 (e) 中 $T_b = 10$℃，(c) 和 (g) 中 $T_b = 12$℃。作为比较，也进行了 $T_b = 10$℃ 工况的忽略密度反转特性的直接数值模拟，即取密度是温度的线性函数，其数值模拟结果如 (f) 所示。(d)、(e)、(f) 和 (g) 中展示的是着色温度场并叠加速度矢量场图，T_ϕ 等温线由黑色实线表示，T_c 等温线由红色实线表示，速度矢量由黑色箭头定性表示，红色和蓝色的粗箭头分别表示由热羽流和冷羽流所形成的对流涡。

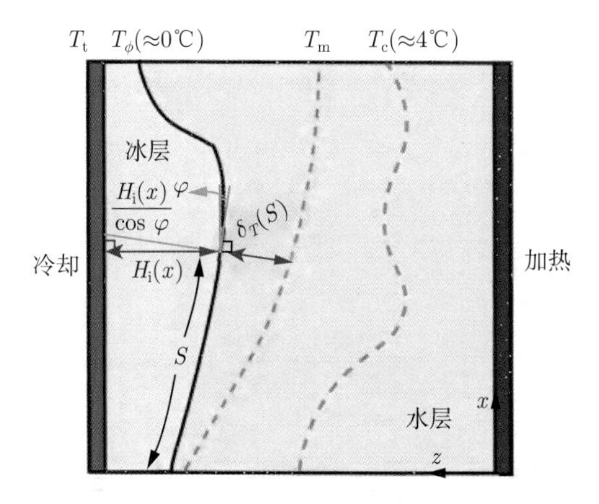

图 5.3　垂直对流中冰的局部形貌特征的边界层模型示意图

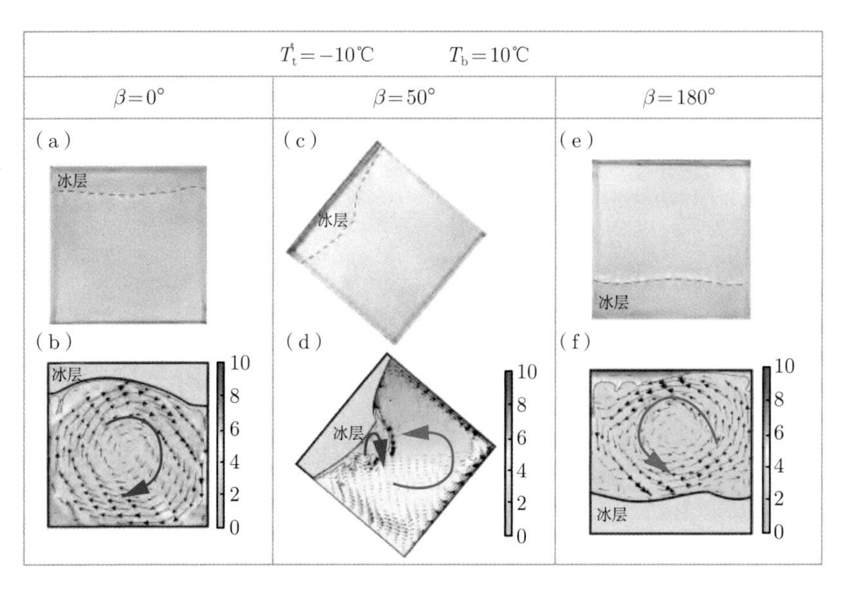

图 5.6　不同系统倾斜角度的实验和直接数值模拟结果对比

(a)、(c) 和 (e) 分别表示 $\beta = 0°$，$50°$，$180°$ 的实验结果；(b)、(d) 和 (f) 分别表示相应的直接数值模拟结果

注：图中展示的是着色温度场并叠加速度矢量场图，T_ϕ 等温线由黑色实线表示，T_c 等温线由红色实线表示，速度矢量由黑色箭头定性表示，红色和蓝色的粗箭头分别表示由羽流自组织形成的大尺度环流涡。

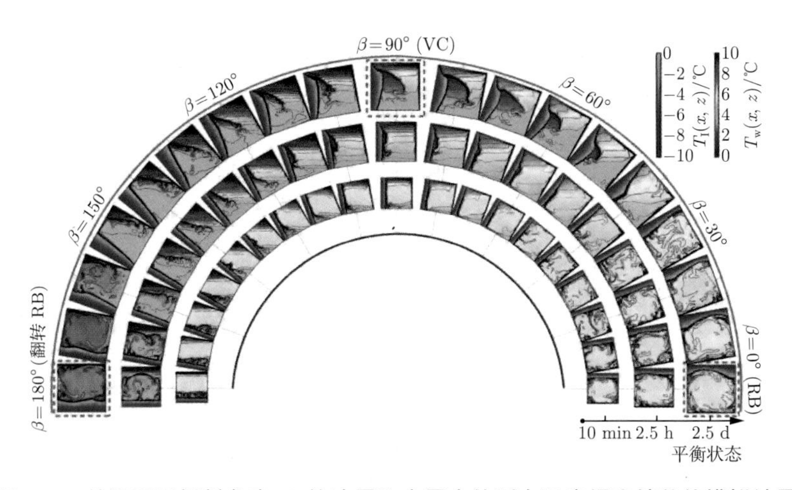

图 5.8　处于不同倾斜角度 β 的冰层和水层内的瞬态温度场直接数值模拟结果

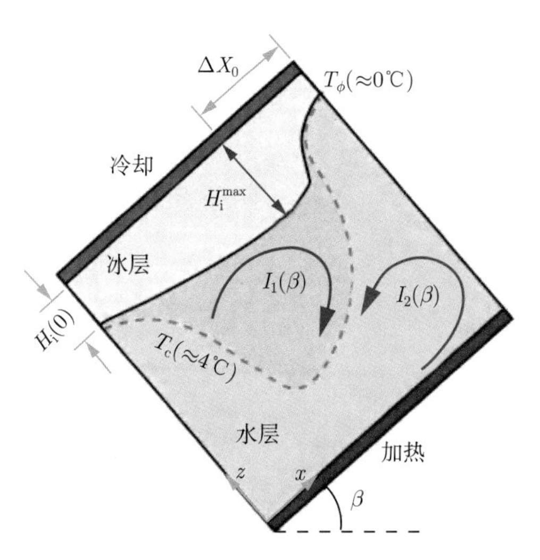

图 5.11　浮力强度模型示意图

注：浮力强度模型用于解释最大冰厚度的空间位置。ΔX_0 定位了 $H_i(x)$ 最大值的位置，该值为由研究域的冷热边界距离 H 进行标准化的无量纲参数。

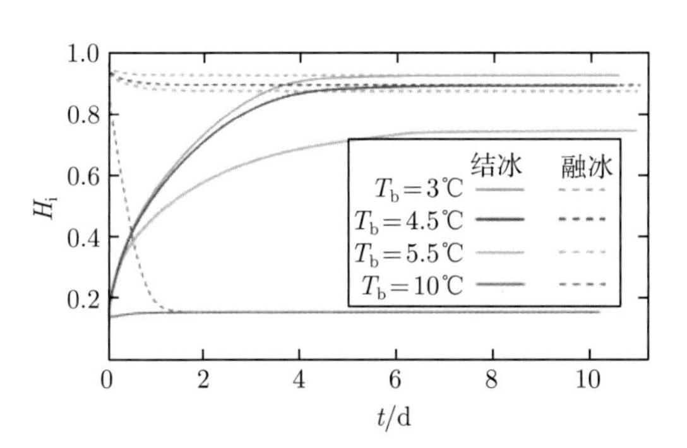

图 6.1　RB 对流系统内归一化的空间平均冰厚度 H_i 随时间的演化

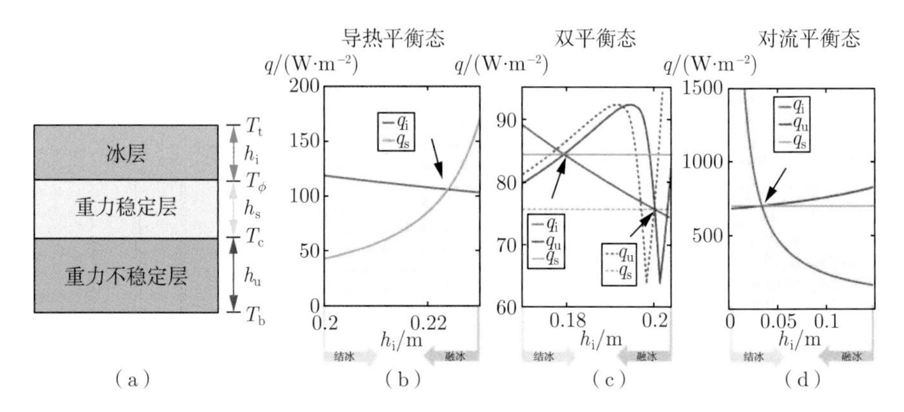

图 6.3　结冰或融冰过程中热流的演化过程

（a）一维热流模型图；（b）导热平衡态：冰层中的导热热流（红色曲线）和水层中的导热热流（绿色曲线）随 h_i 的演化；（c）双平衡态：冰层中的导热热流（红色曲线）、重力稳定层中的导热热流（绿色曲线）和重力不稳定层中的导热或对流热流（蓝色曲线）随 h_i 演化；（d）对流平衡态：冰层中的导热热流（红色曲线）、重力稳定层中的导热热流（绿色曲线）和重力不稳定层中的导热或对流热流（蓝色曲线）随 h_i 演化

注：在图（a）中冰层、重力稳定层和重力不稳定层三层热阻串联，三者所处的温度范围分别是 $T_t \sim T_\phi$、$T_\phi \sim T_c$ 及 $T_c \sim T_b$，相应的各层厚度分别为 h_i，h_s 和 h_u；若 $T_b < T_c$，则不存在重力不稳定层。

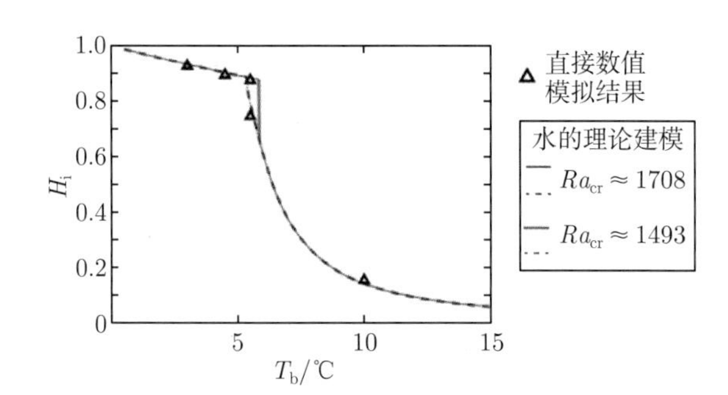

图 6.5　分别基于 $Ra_{cr} \approx 1708$ 和 $Ra_{cr} \approx 1493$ 进行的理论建模预测系统平衡态

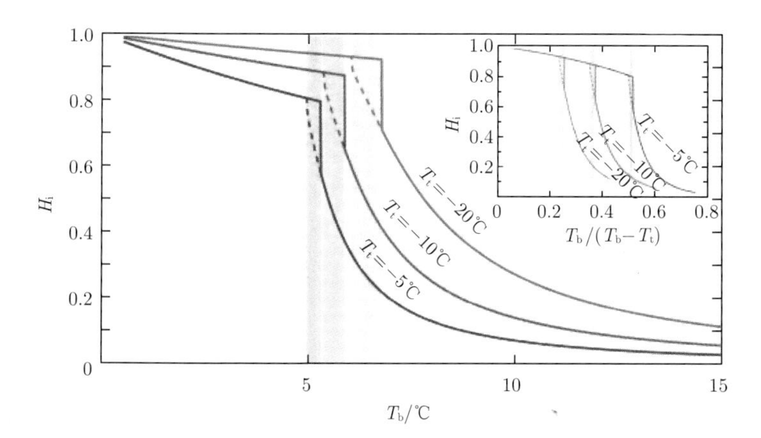

图 6.6　三种不同冷却温度下系统的稳定态理论建模预测结果

注：子图表示横坐标用系统温差 $(T_b - T_t)$ 对 T_b 进行归一化后的结果。

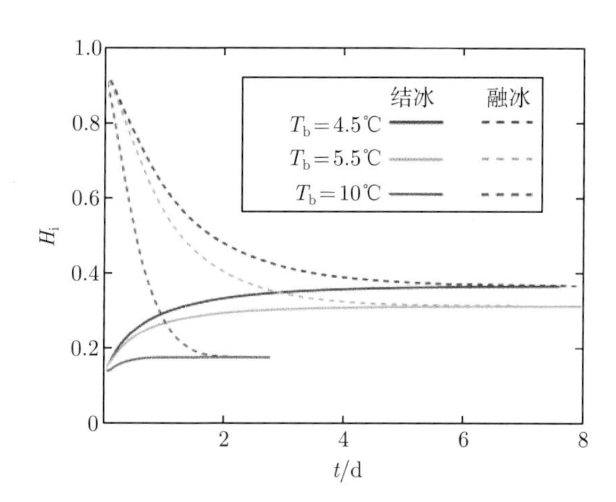

图 6.7　VC 系统内归一化的空间平均冰厚度 H_i 随时间的演化

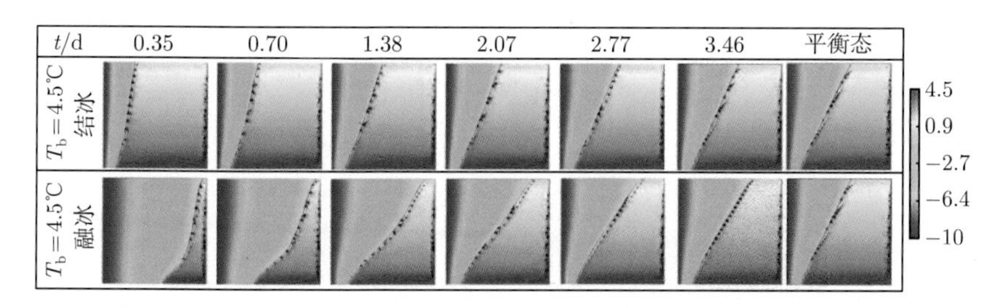

图 6.8　VC 系统的结冰和融冰过程的瞬时温度场的演化 ($T_b = 4.5$℃)

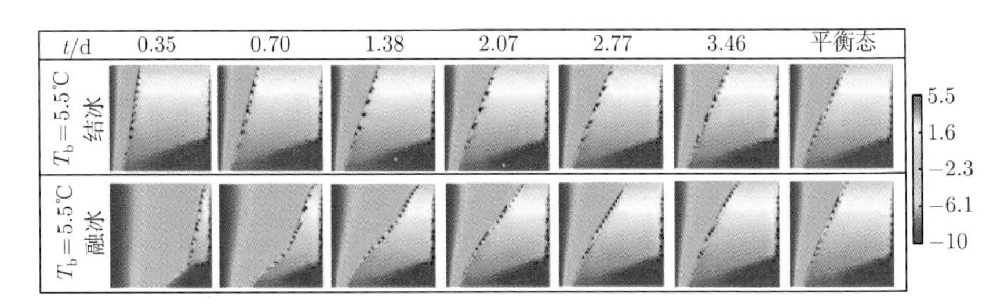

图 6.9 VC 系统的结冰和融冰过程的瞬时温度场的演化 ($T_b = 5.5$°C)

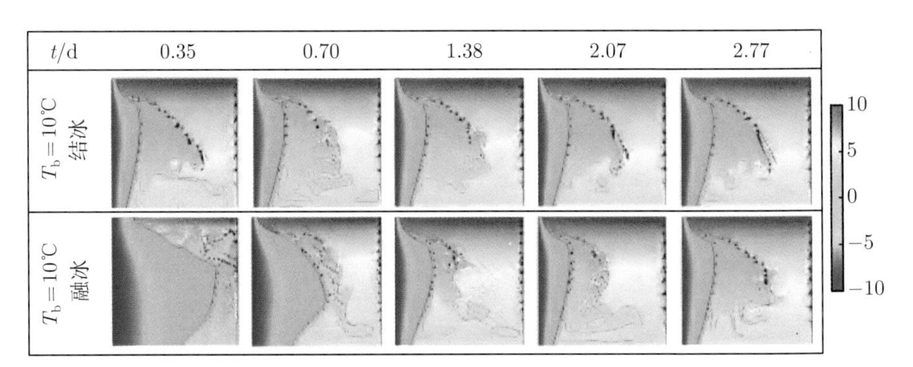

图 6.10 VC 系统的结冰和融冰过程的瞬时温度场的演化 ($T_b = 10$°C)

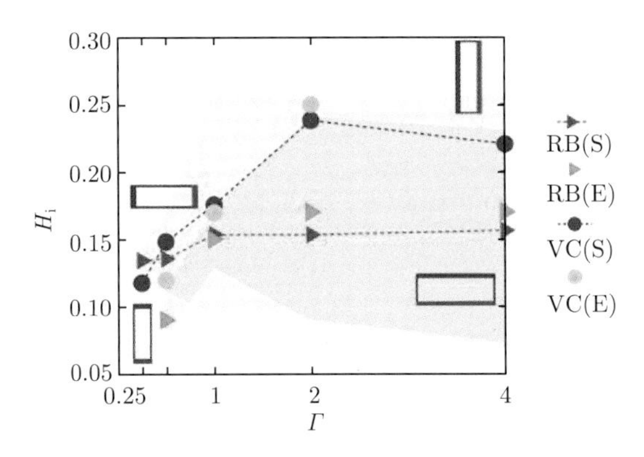

图 6.12 平衡态冰层平均厚度 H_i 对系统宽高比 Γ 的依赖关系图

注：红色三角表示不同 Γ 的 RB 对流系统结冰的直接数值模拟结果（图中标示“S”）；绿色三角表示不同 Γ 的 RB 对流系统结冰的实验结果（图中标示“E”）；蓝色圆圈表示不同 Γ 的 VC 系统结冰的直接数值模拟结果（图中标示“S”）；黄色圆圈表示不同 Γ 的 VC 系统结冰的实验结果（图中标示“E”）；阴影区域显示了实验（绿色阴影区域）和直接数值模拟（红色阴影区域）中 RB 对流系统结冰工况的平衡态冰水界面的空间变化（平衡态冰水界面的空间变化定义为稳定态时平均冰层厚度 $H_i(x)$ 从最小值到最大值的变化范围）。

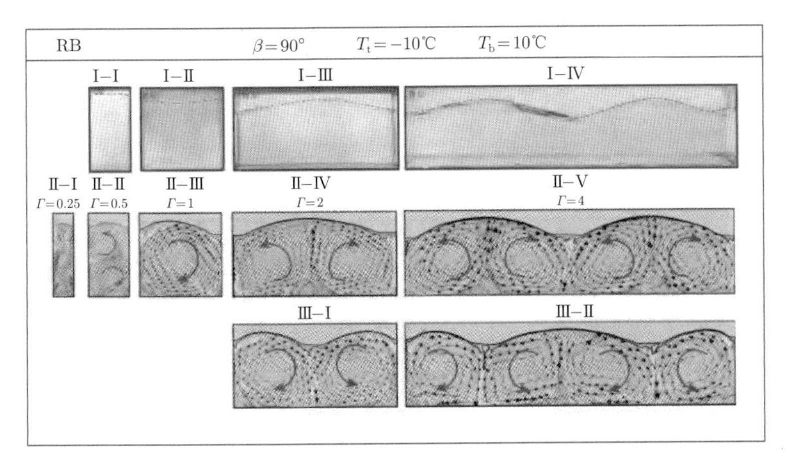

图 6.13　RB 对流系统中的平衡态冰水界面在不同对流域侧向约束下的形貌特征

注：子图 I-I, I-II, I-III 和 I-IV 分别展示了 $\Gamma = 0.5, 1, 2, 4$ 的实验结果；子图 II-I, II-II, II-III, II-IV 和 II-V 分别展示了 $\Gamma = 0.25, 0.5, 1, 2, 4$ 的直接数值模拟温度场；子图 III-I 和 III-II 分别展示了 $\Gamma = 2, 4$ 的直接数值模拟结果，其控制条件分别与子图 II-IV 和 II-V 保持相同，但是水层中的对流涡呈现出不同的组织形式，进而冰水界面也呈现出不同的形貌特征。

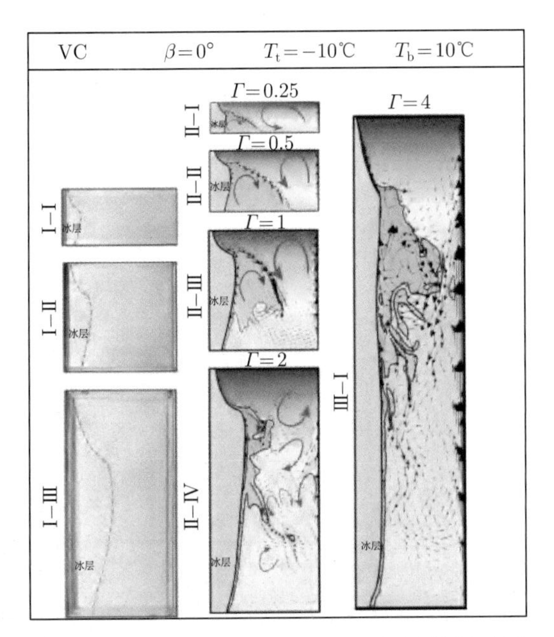

图 6.14　VC 系统中的平衡态冰水界面在不同对流域侧向约束下的形貌特征

注：子图 I-I, I-II 和 I-III 分别展示了 $\Gamma = 0.5, 1, 2$ 的实验结果；子图 II-I, II-II, II-III, II-IV 和 III-I 分别展示了 $\Gamma = 0.25, 0.5, 1, 2, 4$ 的直接数值模拟结果；温度场中的黑色实线和红色实线分别表示 T_ϕ 等温线和 T_c 等温线，黑色箭头表示速度矢量。

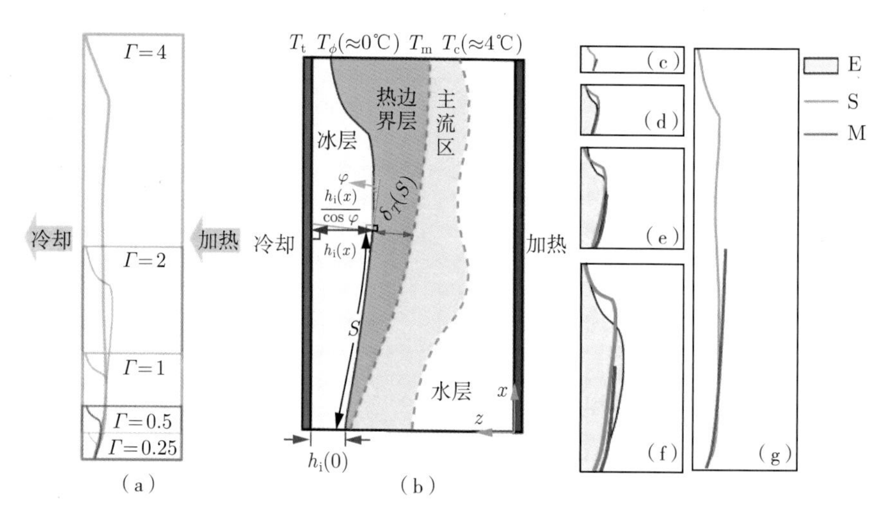

图 6.15　预测冰水界面形貌的边界层模型

（a）不同 Γ 的 VC 系统的冰水界面形状叠加图；（b）边界层模型概念图；（c）～（g）冰水界面形貌的实验（蓝色阴影区域，标示 E）、直接数值模拟（绿线，标示 S）和边界层模型（红线，标示 M）结果对比

注：在图（a）中，对流域左侧冷却，右侧加热；在图（b）中，重要交界线包括 T_ϕ 等温线（黑色实线，即冰水界面交界线）、T_c 等温线（绿色虚线）以及 T_m 等温线（红色虚线，即热边界层和对流主体区的交界线）。冰锋面的切线方向与 x 轴方向之间的夹角为 φ；垂直于冰锋面的冰厚度（冰层中的绿色粗线）为 $\frac{h_i(x)}{\cos\varphi}$（其中 $\cos\varphi=\frac{\mathrm{d}S}{\mathrm{d}x}$）；在图（c）～（g）中，相应的系统宽高比为 $\Gamma=0.25$, 0.5, 1, 2, 4。

清华大学优秀博士学位论文丛书

相变边界条件下的热湍流动力学和热输运特性的研究

王子奇（Wang Ziqi）著

Investigation of Dynamics and Transport Features of Turbulent Convection with Phase Change Boundary

清华大学出版社
北京

内 容 简 介

本书针对自然对流和相变边界条件耦合所涉及的复杂动力学演化、热量输运和质量在不同相态之间的再分配等复杂而又具有挑战性的问题开展实验、数值模拟和理论建模相结合的研究，所涉及的相变边界条件包括气-液及液-固相变。本书首先系统地阐述了该研究的背景与意义，凝练科学问题；其次关注在含气-液相变的热对流系统内，如何极大限度增强传热、突破自然对流传热极限；同时关注在含液-固相变的热对流系统内，结冰动力学特性的决定因素、决定冰水界面形貌特征的物理机制及多平衡态问题；最后总结了全书的研究工作及创新点，并展望了未来的研究方向。

本书可供动力工程及工程热物理专业研究生、能源动力类本科生、相关行业的技术人员和科研人员参考阅读。

图书在版编目（CIP）数据

相变边界条件下的热湍流动力学和热输运特性的研究 / 王子奇著. -- 北京 : 清华大学出版社, 2024. 8.
(清华大学优秀博士学位论文丛书). -- ISBN 978-7-302-66978-4

Ⅰ. TK124

中国国家版本馆 CIP 数据核字第 2024Y62H95 号

责任编辑： 戚 亚
封面设计： 傅瑞学
责任校对： 薄军霞
责任印制： 刘海龙

出版发行： 清华大学出版社
网 址： https://www.tup.com.cn, https://www.wqxuetang.com
地 址： 北京清华大学学研大厦 A 座 **邮 编：** 100084
社 总 机： 010-83470000 **邮 购：** 010-62786544
投稿与读者服务： 010-62776969, c-service@tup.tsinghua.edu.cn
质量反馈： 010-62772015, zhiliang@tup.tsinghua.edu.cn
印 装 者： 三河市东方印刷有限公司
经 销： 全国新华书店
开 本： 155mm×235mm **印 张：** 12.5 **插 页：** 7 **字 数：** 204 千字
版 次： 2024 年 8 月第 1 版 **印 次：** 2024 年 8 月第 1 次印刷
定 价： 109.00 元

产品编号：101700-01

一流博士生教育
体现一流大学人才培养的高度（代丛书序）[①]

人才培养是大学的根本任务。只有培养出一流人才的高校，才能够成为世界一流大学。本科教育是培养一流人才最重要的基础，是一流大学的底色，体现了学校的传统和特色。博士生教育是学历教育的最高层次，体现出一所大学人才培养的高度，代表着一个国家的人才培养水平。清华大学正在全面推进综合改革，深化教育教学改革，探索建立完善的博士生选拔培养机制，不断提升博士生培养质量。

学术精神的培养是博士生教育的根本

学术精神是大学精神的重要组成部分，是学者与学术群体在学术活动中坚守的价值准则。大学对学术精神的追求，反映了一所大学对学术的重视、对真理的热爱和对功利性目标的摒弃。博士生教育要培养有志于追求学术的人，其根本在于学术精神的培养。

无论古今中外，博士这一称号都和学问、学术紧密联系在一起，和知识探索密切相关。我国的博士一词起源于 2000 多年前的战国时期，是一种学官名。博士任职者负责保管文献档案、编撰著述，须知识渊博并负有传授学问的职责。东汉学者应劭在《汉官仪》中写道：“博者，通博古今；士者，辩于然否。”后来，人们逐渐把精通某种职业的专门人才称为博士。博士作为一种学位，最早产生于 12 世纪，最初它是加入教师行会的一种资格证书。19 世纪初，德国柏林大学成立，其哲学院取代了以往神学院在大学中的地位，在大学发展的历史上首次产生了由哲学院授予的哲学博士学位，并赋予了哲学博士深层次的教育内涵，即推崇学术自由、创造新知识。哲学博士的设立标志着现代博士生教育的开端，博士则被定义为

① 本文首发于《光明日报》，2017 年 12 月 5 日。

独立从事学术研究、具备创造新知识能力的人，是学术精神的传承者和光大者。

博士生学习期间是培养学术精神最重要的阶段。博士生需要接受严谨的学术训练，开展深入的学术研究，并通过发表学术论文、参与学术活动及博士论文答辩等环节，证明自身的学术能力。更重要的是，博士生要培养学术志趣，把对学术的热爱融入生命之中，把捍卫真理作为毕生的追求。博士生更要学会如何面对干扰和诱惑，远离功利，保持安静、从容的心态。学术精神，特别是其中所蕴含的科学理性精神、学术奉献精神，不仅对博士生未来的学术事业至关重要，对博士生一生的发展都大有裨益。

独创性和批判性思维是博士生最重要的素质

博士生需要具备很多素质，包括逻辑推理、言语表达、沟通协作等，但是最重要的素质是独创性和批判性思维。

学术重视传承，但更看重突破和创新。博士生作为学术事业的后备力量，要立志于追求独创性。独创意味着独立和创造，没有独立精神，往往很难产生创造性的成果。1929 年 6 月 3 日，在清华大学国学院导师王国维逝世二周年之际，国学院师生为纪念这位杰出的学者，募款修造“海宁王静安先生纪念碑”，同为国学院导师的陈寅恪先生撰写了碑铭，其中写道：“先生之著述，或有时而不章；先生之学说，或有时而可商；惟此独立之精神，自由之思想，历千万祀，与天壤而同久，共三光而永光。”这是对于一位学者的极高评价。中国著名的史学家、文学家司马迁所讲的“究天人之际，通古今之变，成一家之言”也是强调要在古今贯通中形成自己独立的见解，并努力达到新的高度。博士生应该以“独立之精神、自由之思想”来要求自己，不断创造新的学术成果。

诺贝尔物理学奖获得者杨振宁先生曾在 20 世纪 80 年代初对到访纽约州立大学石溪分校的 90 多名中国学生、学者提出：“独创性是科学工作者最重要的素质。”杨先生主张做研究的人一定要有独创的精神、独到的见解和独立研究的能力。在科技如此发达的今天，学术上的独创性变得越来越难，也愈加珍贵和重要。博士生要树立敢为天下先的志向，在独创性上下功夫，勇于挑战最前沿的科学问题。

批判性思维是一种遵循逻辑规则、不断质疑和反省的思维方式，具有批判性思维的人勇于挑战自己，敢于挑战权威。批判性思维的缺乏往往被认为是中国学生特有的弱项，也是我们在博士生培养方面存在的一个普遍问题。2001 年，美国卡内基基金会开展了一项“卡内基博士生教育创新计划”，针对博士生教育进行调研，并发布了研究报告。该报告指出：在美国和欧洲，培养学生保持批判而质疑的眼光看待自己、同行和导师的观点同样非常不容易，批判性思维的培养必须成为博士生培养项目的组成部分。

对于博士生而言，批判性思维的养成要从如何面对权威开始。为了鼓励学生质疑学术权威、挑战现有学术范式，培养学生的挑战精神和创新能力，清华大学在 2013 年发起“巅峰对话”，由学生自主邀请各学科领域具有国际影响力的学术大师与清华学生同台对话。该活动迄今已经举办了 21 期，先后邀请 17 位诺贝尔奖、3 位图灵奖、1 位菲尔兹奖获得者参与对话。诺贝尔化学奖得主巴里·夏普莱斯（Barry Sharpless）在 2013 年 11 月来清华参加“巅峰对话”时，对于清华学生的质疑精神印象深刻。他在接受媒体采访时谈道：“清华的学生无所畏惧，请原谅我的措辞，但他们真的很有胆量。”这是我听到的对清华学生的最高评价，博士生就应该具备这样的勇气和能力。培养批判性思维更难的一层是要有勇气不断否定自己，有一种不断超越自己的精神。爱因斯坦说：“在真理的认识方面，任何以权威自居的人，必将在上帝的嬉笑中垮台。”这句名言应该成为每一位从事学术研究的博士生的箴言。

提高博士生培养质量有赖于构建全方位的博士生教育体系

一流的博士生教育要有一流的教育理念，需要构建全方位的教育体系，把教育理念落实到博士生培养的各个环节中。

在博士生选拔方面，不能简单按考分录取，而是要侧重评价学术志趣和创新潜力。知识结构固然重要，但学术志趣和创新潜力更关键，考分不能完全反映学生的学术潜质。清华大学在经过多年试点探索的基础上，于 2016 年开始全面实行博士生招生“申请–审核”制，从原来的按照考试分数招收博士生，转变为按科研创新能力、专业学术潜质招收，并给予院系、学科、导师更大的自主权。《清华大学“申请–审核”制实施办法》明晰了导师和院系在考核、遴选和推荐上的权力和职责，同时确定了规范的流程及监管要求。

在博士生指导教师资格确认方面，不能论资排辈，要更看重教师的学术活力及研究工作的前沿性。博士生教育质量的提升关键在于教师，要让更多、更优秀的教师参与到博士生教育中来。清华大学从 2009 年开始探索将博士生导师评定权下放到各学位评定分委员会，允许评聘一部分优秀副教授担任博士生导师。近年来，学校在推进教师人事制度改革过程中，明确教研系列助理教授可以独立指导博士生，让富有创造活力的青年教师指导优秀的青年学生，师生相互促进、共同成长。

在促进博士生交流方面，要努力突破学科领域的界限，注重搭建跨学科的平台。跨学科交流是激发博士生学术创造力的重要途径，博士生要努力提升在交叉学科领域开展科研工作的能力。清华大学于 2014 年创办了“微沙龙”平台，同学们可以通过微信平台随时发布学术话题，寻觅学术伙伴。3 年来，博士生参与和发起“微沙龙”12 000 多场，参与博士生达 38 000 多人次。“微沙龙”促进了不同学科学生之间的思想碰撞，激发了同学们的学术志趣。清华于 2002 年创办了博士生论坛，论坛由同学自己组织，师生共同参与。博士生论坛持续举办了 500 期，开展了 18 000 多场学术报告，切实起到了师生互动、教学相长、学科交融、促进交流的作用。学校积极资助博士生到世界一流大学开展交流与合作研究，超过 60%的博士生有海外访学经历。清华于 2011 年设立了发展中国家博士生项目，鼓励学生到发展中国家亲身体验和调研，在全球化背景下研究发展中国家的各类问题。

在博士学位评定方面，权力要进一步下放，学术判断应该由各领域的学者来负责。院系二级学术单位应该在评定博士论文水平上拥有更多的权力，也应担负更多的责任。清华大学从 2015 年开始把学位论文的评审职责授权给各学位评定分委员会，学位论文质量和学位评审过程主要由各学位分委员会进行把关，校学位委员会负责学位管理整体工作，负责制度建设和争议事项处理。

全面提高人才培养能力是建设世界一流大学的核心。博士生培养质量的提升是大学办学质量提升的重要标志。我们要高度重视、充分发挥博士生教育的战略性、引领性作用，面向世界、勇于进取，树立自信、保持特色，不断推动一流大学的人才培养迈向新的高度。

邱勇

清华大学校长

2017 年 12 月

丛书序二

以学术型人才培养为主的博士生教育，肩负着培养具有国际竞争力的高层次学术创新人才的重任，是国家发展战略的重要组成部分，是清华大学人才培养的重中之重。

作为首批设立研究生院的高校，清华大学自20世纪80年代初开始，立足国家和社会需要，结合校内实际情况，不断推动博士生教育改革。为了提供适宜博士生成长的学术环境，我校一方面不断地营造浓厚的学术氛围，一方面大力推动培养模式创新探索。我校从多年前就已开始运行一系列博士生培养专项基金和特色项目，激励博士生潜心学术、锐意创新，拓宽博士生的国际视野，倡导跨学科研究与交流，不断提升博士生培养质量。

博士生是最具创造力的学术研究新生力量，思维活跃，求真求实。他们在导师的指导下进入本领域研究前沿，吸取本领域最新的研究成果，拓宽人类的认知边界，不断取得创新性成果。这套优秀博士学位论文丛书，不仅是我校博士生研究工作前沿成果的体现，也是我校博士生学术精神传承和光大的体现。

这套丛书的每一篇论文均来自学校新近每年评选的校级优秀博士学位论文。为了鼓励创新，激励优秀的博士生脱颖而出，同时激励导师悉心指导，我校评选校级优秀博士学位论文已有20多年。评选出的优秀博士学位论文代表了我校各学科最优秀的博士学位论文的水平。为了传播优秀的博士学位论文成果，更好地推动学术交流与学科建设，促进博士生未来发展和成长，清华大学研究生院与清华大学出版社合作出版这些优秀的博士学位论文。

感谢清华大学出版社，悉心地为每位作者提供专业、细致的写作和出版指导，使这些博士论文以专著方式呈现在读者面前，促进了这些最新的优秀研究成果的快速广泛传播。相信本套丛书的出版可以为国内外各相关领域或交叉领域的在读研究生和科研人员提供有益的参考，为相关学科领域的发展和优秀科研成果的转化起到积极的推动作用。

感谢丛书作者的导师们。这些优秀的博士学位论文，从选题、研究到成文，离不开导师的精心指导。我校优秀的师生导学传统，成就了一项项优秀的研究成果，成就了一大批青年学者，也成就了清华的学术研究。感谢导师们为每篇论文精心撰写序言，帮助读者更好地理解论文。

感谢丛书的作者们。他们优秀的学术成果，连同鲜活的思想、创新的精神、严谨的学风，都为致力于学术研究的后来者树立了榜样。他们本着精益求精的精神，对论文进行了细致的修改完善，使之在具备科学性、前沿性的同时，更具系统性和可读性。

这套丛书涵盖清华众多学科，从论文的选题能够感受到作者们积极参与国家重大战略、社会发展问题、新兴产业创新等的研究热情，能够感受到作者们的国际视野和人文情怀。相信这些年轻作者们勇于承担学术创新重任的社会责任感能够感染和带动越来越多的博士生，将论文书写在祖国的大地上。

祝愿丛书的作者们、读者们和所有从事学术研究的同行们在未来的道路上坚持梦想，百折不挠！在服务国家、奉献社会和造福人类的事业中不断创新，做新时代的引领者。

相信每一位读者在阅读这一本本学术著作的时候，在吸取学术创新成果、享受学术之美的同时，能够将其中所蕴含的科学理性精神和学术奉献精神传播和发扬出去。

清华大学研究生院院长

2018 年 1 月 5 日

导师序言

本书开展了相变边界条件下的热湍流动力学和热输运特性的研究，选题具有重要的科学意义和工程应用价值。本书围绕自然对流和相变边界条件的耦合问题，通过实验探究、直接数值模拟以及理论建模相结合的研究手段，从高温系统内的沸腾-凝结相变循环及低温系统内的结冰-融冰相变循环两个研究角度，展开对提高自然对流换热效率、结冰动力学特性的决定因素及决定冰-水界面形貌特征的物理原因等核心问题的系统性研究。该研究具有挑战性，相关研究成果具有重要的科学意义，同时为工程应用提供了坚实的理论基础。

本书针对在包含气-液相变的热对流系统内，如何极大限度地增强传热这一科学问题，提出了两相“类催化性颗粒”湍流增强自然对流传热效率的新思路，自主设计并搭建了两相热对流沸腾-凝结实验平台，研究并证明了利用两相“类催化性颗粒”增强湍流传热效率的可行性，并揭示了其背后传热增强的物理机制；通过对系统处于不同工况时的传热行为进行探索，证明了两相“类催化性颗粒”湍流系统传热增强具有稳健性，进一步佐证了两相“类催化性颗粒”湍流在增强传热方面的重要应用价值。

本书针对在包含液-固相变的热对流系统内，结冰动力学特性的决定因素、决定冰-水界面形貌特征的物理机制及移动液-固界面系统内的多平衡态问题等，通过实验、直接数值模拟和理论建模相结合的综合方法研究了结冰的动力学特性，揭示了涉及结冰问题时密度反转对正确预测系统行为的重要性；同时研究了两个反向对流涡竞争的动力学特性，揭示了决定冰-水界面形貌特征的物理机制；更进一步地，研究了结冰或融冰的历史效应，揭示了湍流热对流系统存在双平衡态现象。相关研究或将为维持倾向性流动结构或固-液界面形态等工业流动控制应用提供理论支撑。

本书的主要创新性成果如下。

（1）提出了多组分相变热湍流系统的新理念，并证明其能够大幅度提升湍流换热效率，揭示了相变潜热和气泡流所引起的流场掺混效应是传热增强的物理机制。

（2）研究了水密度反转特性对水的固-液相变过程演化的影响，揭示了水密度反转在相变与湍流耦合过程中的关键作用机制。

（3）发现了含有相变的湍流热对流系统结冰和融冰过程的多平衡态特征，揭示了决定冰面形貌特征形成的物理机制。

本书内容充实，创新点突出，写作规范，条理清晰，层次分明。本书可作为高等院校和科研单位的能源动力、物理等专业本科生、研究生、工程技术人员、科研人员的参考用书。

孙 超

清华大学能源与动力工程系

摘 要

自然对流以浮力作为驱动，广泛见于各种自然现象和日常生活应用，因具有能够自发进行、经济、安全稳定且不需要运动部件等固有优势，自然对流也被广泛应用于工业生产中。当自然对流和相变边界条件耦合，复杂的动力学演化、热量输运和质量在不同相态之间的再分配现象给相关问题的研究增加了额外的复杂性和挑战性。

对于高温系统内的沸腾-凝结相变循环，长久困扰能源行业和工业加热/冷却设备的问题是如何在现有封闭换热器设计的约束下（如工作温度安全、无移动部件、无额外能耗等）大幅增强自然对流传热效率。据此，本书提出“类催化性颗粒”湍流理念，即在传统的以水为基础的热对流设备中，引入少量（体积分数 ⩽4%）的低沸点液体（HFE-7000），仅使低沸点液体发生气-液相变循环即可产生一种高效的两相“类催化性颗粒”湍流机制。本书通过实验直接证明了其大幅增强传热的可行性，并揭示了传热增强的物理机制，即相变潜热和气泡流导致的湍流场掺混效应；此外，通过进一步拓展该湍流机制作用区间及应用场景，揭示了该增强传热机制在不同工况均具稳健性。相关成果可为高效传热/混合设备提供新的设计思路。

对于低温系统内的结冰-融冰相变循环，科学界所关注的核心问题是结冰动力学特性的决定因素及决定冰水界面形貌特征的物理原因，前人的研究常忽略水的密度反转特性及其所导致的热分层与湍流和相变的耦合。本书则利用实验、理论建模及直接数值模拟，系统地研究了不同程度的热分层下流动和结冰的耦合动力学，揭示了水的密度反转特性对正确分析水的固-液相变系统演化行为的重要性，且该系统的行为可通过本书提出的理论传热模型进行预测。更进一步地，通过研究两个反向对流涡竞争的动力学特性，揭示了决定冰面形貌特征的物理机制，即系统的热驱动力强度及温度梯度与重力方向的夹角，并通过建立边界层理论模型和浮力强度模型，合理预测了冰水界面的主要形貌特征。此外，通过研究结冰或融冰的历史效应，发现了瑞利-贝纳尔（Rayleigh-Bénard）对流系统的双平衡态现象，其物理机制可以用一维热流模型解释，通过调整对流系统宽高比，发现相同温度控制条件可以对应冰水界面形貌特征不同的对流平衡态，其物理机制源自不同对流涡的组织形式；而在垂直对流系统，即使调整宽高比，其平衡态和冰水界面形貌仍具有高度稳健性，原因为水层内始终存在相互竞争的两个反向对流涡。相关研究或将为维持倾向性流动结构或固-液界面形态等工业流动控制应用提供理论支撑。

关键词： 湍流自然对流；沸腾；传热增强；水密度反转特性；固-液相变

Abstract

Natural convection, as buoyancy-driven flow, is ubiquitous in nature and our daily life, and is widely used in industrial production because of its inherent advantages (spontaneous, economical, safe, and no need for mechanically moving parts). When natural thermal convection couples with phase transition (i.e., boiling-condensation cycles in high-temperature systems and solidification-melting cycles of low-temperature systems), the complex interaction among thermal driving convection, phase transitions, heat transport, and mass redistribution between different phases create huge challenges on investigations of such system dynamics.

For the boiling-condensation cycle in high-temperature systems, a long-standing challenge in the closed industrial heating or cooling facilities is how to achieve heat transport enhancement while still running within the designing constraints, such as safety, no mechanically moving parts, no extra heat consumption, and so on. This book conceptualizes a new type of "active catalytic particle" turbulence, which introduces a small volume fraction (volume fraction $\leqslant 4\%$) of low boiling point heavier liquid (HFE-7000) to the classical water-based thermal convection system. By boiling HFE-7000 liquid, high-efficiency biphasic dynamics are born with extremely high-coherence structures. This book experimentally proves this "active catalytic particle" turbulence can enhance heat transfer and exceed the inherent limits posed by classical natural convection. The physical mechanism of heat transfer enhancement is the phase-transition latent heat and the biphasic species-induced agitation. Further, This book extends the parameter space and the scope of application and reveals the robustness of "active catalytic particle" turbulence in enhancing the heat transfer efficiency under different working conditions. The relevant research results can provide new design ideas for efficient industrial heat transfer/mixing equipment.

For the ice-melting cycle of low-temperature systems, the well-focused issues are the physical mechanism behind the icing dynamics and the ice-water interface morphology. The studies before always ignore one of the unique properties of water, i.e. water density anomaly and its induced interaction of stably-stratified and unstably-stratified water layers. To settle these issues, this book systematically investigates how the icing dynamics determine the fluid flow around under different levels of thermal stratification, by experiments, theoretical modeling as well as direct numerical simulations. It is revealed that it is crucial to take into account the water density anomaly to correctly predict the evolution behaviors of the solid-liquid phase-transition systems of water. Despite the complex coupling between the ice-water interface and fluid flows, the system behaviors can still be predicted by a heat transfer theoretical model. Based on the tilted convection system, this book investigates the dynamic characteristics of the competition between two counter-rotating convective rolls. This book shows that the physical mechanism that determines the morphological characteristics of the ice surface is the strength of thermal driving and the cell inclination with respect to the vertical direction. The main characteristics of the ice front morphology can be well predicted by the thermal boundary theoretical model and the buoyancy-intensity model. This book also studies the historical effects of icing or melting processes. It is found that there is a bi-equilibrium state in the Rayleigh-Bénard convection coupled water phase transition system, whose physical mechanism can be explained by the one-dimensional heat flux model. As for adjusting the size of the convection cell, it is found that, under the same operating conditions, the system can possess two different convective equilibrium states, each of which displays different ice front morphology. This phenomenon is due to different circulating forms of the convective rolls. On the other hand, in the vertical convection system, even if the system size is adjusted, its equilibrium state and ice-water interface morphology are still highly robust, which is mainly because there are always two competing counter-rotating convective rolls in the water layer. Such research efforts may provide support theoretically for industrial flow control such as maintaining predisposed flow structures or maintaining some pattern of the solid-liquid interface.

Keywords: Turbulent natural convection; Boiling; Heat transfer enhancement; Water density inversion; Solid-liquid phase transition

符号和缩略语说明

C_{p}　定压热容
d　圆柱形对流槽的内直径
h　对流槽的有效高度
h_0　冰水界面的位置（即 z 轴方向的坐标值），同时也是水层厚度
h_4　水的密度反转温度等温线的位置（即 z 轴方向的坐标值）
h_{i}　冰厚度
H_{i}　无量纲冰厚度
H　直接数值模拟研究域的无量纲高度
k　传热系数
l_x　实验中长方形对流槽的宽度
l_y　实验中长方形对流槽的长度
L_x　直接数值模拟研究域的无量纲宽度
P_0　一个标准大气压
Q　测得的每单位时间通过底板进入系统的热量
S　沿冰锋面建立的曲线坐标系，测量从 $x=0$ 位置的边界点开始的冰锋面的长度
T_0　外界环境温度
T_{b}　对流域的加热边界温度
T_{c}　水的密度反转温度点
T_{cr}　气-液相变温度
T_{ϕ}　液-固相变温度
T_{m}　平均温度
T_{t}　对流域的冷却边界温度

Ja	雅各布数（Jakob number），表示系统可利用的显热与液体产生沸腾所必需的相变潜热的比值
Nu	努塞尔数（Nussult number），表示无量纲对流换热效率
Nu_{e}	有效努塞尔数（effective Nussult number）
Pr	普朗特数（Prandtl number），表示动量扩散与热量扩散的速度之比
Ra	瑞利数（Rayleigh number），表示无量纲热对流强度
Ra_{cr}	临界瑞利数（critical Rayleigh number）
Ra_{e}	有效瑞利数（effective Rayleigh number）
Re	雷诺数（Reynolds number），表示无量纲流动强度
Ste	斯特藩数（Stefan number），表示固-液相变的潜热与系统显热之比
α	HFE-7000 蒸气体积分数
β	系统相对于水平方向的倾角
ΔT	对流域冷热边界温度差
γ	等压热膨胀系数
$\mathit{\Gamma}$	宽高比
κ	热扩散系数
λ	导热系数
$\mathcal{L}$	汽化潜热
ν	运动黏度
ϕ	低沸点液体 HFE-7000 的体积分数
ρ	密度
δ_{T}	热边界层厚度
C	对流（convection）
D	纯热扩散（diffusion）
EV	扩压容器（expansion vessel）
LSC	大尺度环流（large-scale-circulation）
PID	包含比例、积分及微分控制的温度控制器
RB	瑞利-贝纳尔（Rayleigh-Bénard）
SS	重力稳定层（stably-stratified）

US　重力不稳定层（unstably-stratified）

USC　重力不稳定层处于对流模式

USD　重力不稳定层处于导热模式

VC　垂直对流（vertical convection）

目　录

Contents

第 1 章　引　言

1.1　研究背景及意义

自然对流作为一种无施加外力驱动（如泵或风机等驱动装置）、仅依靠流体内部温度梯度产生密度梯度、进而由浮力驱动形成流体运动的流动方式，在自然现象、工业生产和日常生活中十分常见，如大气对流形成不同的天气形式[1]、海洋中的热盐对流[2]、金属生产工艺中的对流[3]、电子元器件的对流冷却[4]及冬季取暖装置形成室内冷暖空气的对流等。在所有对流传热方式中，自然对流的局限性在于其传热效率相对较低，但是自然对流具备诸多固有优点——可自发产生（仅凭流体自身的温度梯度驱动）、安全性强、经济性高及不需要额外引入泵或风机等机械运动部件（因此可避免系统中产生不必要的机械震荡、装置部件疲劳损伤和工业噪声等），故自然对流的传热方式仍然被广泛应用于日常生活、能源领域和涉及加热/冷却设备（如生化、核能和工艺工程等领域）的多种工业技术之中。

当自然对流和相变边界条件进行耦合，复杂的热量输运和质量在不同相态之间的再分配现象就会增加额外的复杂性和挑战性。下面以一个标准大气压下的液态水为基本相态，对水的气-液相变和固-液相变进行具体说明。

一方面，当水温达到该气压下的饱和温度，继续升高温度，液态水发生沸腾，产生蒸气泡，此时为气-液相互作用，沸腾过程中巨大的汽化潜热通常和高效的热量输运相关[5]。气-液相互作用在自然界和工业生产中十分常见。例如，化学实验中通过蒸馏的方法实现互溶液体间的相分离[6]，工业生产中的蒸气发生器[7]，甚至日常烧开水的过程也离不开沸腾。上述物理过程均涉及热量输运，而其中的关键问题即是如何提高现有封闭换热系统中自然对流的热输运效率，以达到高效、节能的效果。

另一方面，当液态水的温度降低到该气压下的凝固温度后继续降温，液态水凝固成冰，此时为液-固相互作用。经历融化或凝固等相变过程的对流流体可以催生出丰富的流体流动形态和固-液相变界面形貌特征，这在地球物理研究领域具有重大意义。例如，火山学中岩浆的凝固过程[8-10]、行星学中的岩浆海洋[11]、地貌学和冰川学中高纬度地区的冻湖[12]、同大陆架相连接的冰架及冰架崩解后形成的漂浮在海洋中的冰山[13-17]、冰川动力学及其所承受的流动侵蚀作用[18]，以及在海洋科学中预测北极海冰年变化周期[19]等。在工业应用方面，对流驱动与相变耦合系统在金属冶炼[20-21]、物质净化[22]和相变储能[23]等热门领域发挥着关键作用。根据所处的具体环境，发生液-固相变作用的工质成分及流变性等复杂程度存在差异，涵盖了从单组分液体（如化工过程中所使用的净化液体）到非均质复杂组分（如非均质熔融岩浆、泥水或海水等）的宽广范围。作为最常见的工作流体，水是较为理想的研究对象。然而水也具有特殊性质：密度反转特性，即水在凝固点温度（液固相变温度 $T_\phi = 0℃$）以上时，其密度随温度呈现非单调变化，进而导致水体在温度梯度作用下存在非单调变化的浮力强度。从研究物理机理的角度而言，与上述过程相关的问题是：处于层流或湍流状态的流体如何决定冰水界面的形貌特征，其决定因素是否可以利用单一、通用的某种机制进行解释。例如，能否设想一个流动和相变耦合问题的现象学理论模型，在不需要考虑耦合问题描述中所涉及的热力学和流体动力学方程复杂性的基础上，对冰水界面形貌特征进行预测性论证。

综上所述，针对相变和湍流的耦合系统，可以凝练出如下几个关键的科学问题：①给定封闭换热系统，如何大幅度提升湍流换热效率，突破自然对流传热极限；②如何理清移动固-液相变界面演化与周围湍流流动的定量依赖关系；③如何探明处于稳定状态的固-液界面复杂形貌特征与界面周围流动特性的耦合作用机制。

为了解决上述问题，需要在保留自然现象和工业应用场景中必要的物理复杂性和丰富现象的基础上，基于充分简化且可控的系统进行研究。合理选择研究系统，对实验研究和直接数值模拟的可操作性，对得出结论和物理解释的广义性和普适性，对研究流程的简化、研究内容核心化等方面均具有十分重要的意义。据此，本书选择的研究对象为瑞利-贝纳尔（Rayleigh-Bénard，RB）热对流系统，希望通过对此系统的相关探索，理解热湍流和相变耦合过程的复杂物理机理，并针对上述三个核心问题给出定性与定量的解释。

RB 对流系统是流体动力学中一个经过充分研究且常用的研究自然对流的模型，作为一种封闭湍流系统，其内充满工作液体，在底部加热（温度为 T_b）、顶部冷却（温度为 T_t）时，系统温度梯度和重力方向平行，并在侧面设置绝热边界条件。该系统的控制参数和响应参数具有明确的对应关系，并且可以实现精确可控的实验研究，而且相关的研究已经详细探索了 RB 对流系统中的热不稳定性、对流起始条件、流动分叉特性、湍流状态及其标度律、大尺度环流的性质等关键问题[24-46]，这使得 RB 对流系统成为一个可以研究相变现象的复杂性及其与热对流的耦合问题的理想研究系统。当系统的温度梯度和重力方向呈现不同的夹角，此时的构型为倾斜对流系统[47]，其中的一种特殊情况为系统的温度梯度和重力方向垂直，此时的构型为垂直对流（vertical convection，VC）[48-51]。

一方面，关于增强自然对流传热，近年来许多国内外学者利用实验研究和数值模拟等手段尝试了不同的思路，以提高 RB 热对流系统的对流传热效率[5,50,52-77]，但是获得的传热增强程度有限，且在实际应用上存在一些局限性，如无法适用于封闭对流系统、需要额外能量消耗、需要重新设计换热装置的结构等；而且当涉及气-液相变与湍流的耦合过程，无论是通过实验手段还是数值模拟手段，均具有一定的难度和挑战，如研究的参数范围有限、实验可控性差、实验精度难以保证、数值方法难以有效模拟真实气-液相变过程等，因此在满足换热器设计要求的前提下有效增强封闭湍流系统传热效率的手段仍需进一步探索。另一方面，在包含液-固相变的热对流系统内，凝固的动力学特性及固-液界面形貌的模式选择等与固-液相变相关的问题也受到越来越多的关注和探讨[8-11,18-19,78-93]，特别是在气候变化的背景下，理清固-液相变动力学演化特性对正确预测气候系统的行为具有重要意义[94]。但是大部分研究忽略了水的密度反转这一重要特性（大气压条件下的水在 4℃ 左右时密度达到最大值，升高温度或降低温度均会导致水的密度下降），进而也会忽略由密度反转特性所导致的热分层及其他各种复杂因素的耦合效应（如液体层中不同程度的热分层现象、固-液相变、湍流热对流及复杂固-液界面形貌特征等的耦合效应），这会导致相关研究的结果无法用于定性或定量解释水的相变过程所涉及的现象；部分研究工作是在不考虑相变的条件下，研究水的密度反转特性对流动结构、热输运特性、液体层内重力波的产生等现象的影响；此外，有少量研究工作是针对包含水密度反转特性的固-液相变和热湍流耦合系统的实验研究，但由于实验精度不高、实验可控性较差且可视化手段有限、数据采集及分析不到位等局限性，相关的研究工作仅在定性层面进行了一定的描述，缺乏对现象背后的定量物理机制的充分揭示。因此有必要开展可控的高精度实验研究，并开发可还原实验现象的直接数值模拟手段，辅以理论建模方法对相关现象的物理机制进行合理解释和预测，从而加深对具有固-液相变的湍流热对流系统的热输运特性、固-液界面形貌特征及其物理机制等关键问题的理解，进而对相关的工业生产设计和自然现象的理解等提供理论支撑。接下来，1.2 节将对这两个方面的研究现状进行详细论述。

1.2　研究现状

本节将主要围绕两个方面对研究现状进行总结：①包含气-液相变的热对流系统内，如何最大限度地增强传热、突破自然对流的热输运极限；②探究在包含液-固相变的热对流系统内，水凝固的动力学特性决定因素，以及在湍流热对流和水相变耦合系统内正确理解液-固界面的复杂形貌特征及其物理作用机制。

1.2.1　增强自然对流传热效率

热湍流是许多自然和工业过程中能源交换的主要推动力[27,95-99]。传统热湍流的主要热载体是冷羽流和热羽流等湍流相干结构[27,96-97]，它们构成了海洋洋流[100-101]、大气对流和地幔对流[102]、火山喷发[103]、生化及燃烧反应[104]中的关键环节，并作为维持宇宙中热核反应等现象的关键因素[105-106]。这些湍流相干结构的显著特性是它们能够在很宽范围的空间尺度和时间尺度上混合系统内的不同组分，从而产生极高效的被动标量输运特性，通常比单纯利用分子扩散所能达到的混合速率高几个数量级[107-110]。

从根本上看，对于任何加热或冷却装置而言，核心问题是建立施加在系统的温差（流体流动的驱动力）及所能产生的热通量之间的可靠关系。对于热湍流而言，这一关系即表示热量传输效率的无量纲努塞尔数（Nusselt number，Nu）和衡量热浮力驱动力的无量纲瑞利数（Rayleigh number，Ra）间有效的幂律关系[27,95-97,111-112]：$Nu \propto Ra^a$。其中：$Nu = Q/(\lambda\Delta T/h)$；$Ra = g\gamma\Delta Th^3/(\nu\kappa)$；$Q$ 是测得的每单位时间通过对流系统的底板进入系统的热量；λ 是工作流体的导热系数；ΔT 是温度差；h 是工作流体层的厚度；g 是重力加速度；γ 是等压热膨胀系数；ν 是运动黏度；κ 是热扩散系数；a 是有效的幂指数。这种幂律的依赖性关系是由于对流主体区的湍流流动和边界层的相互作用导致的[27]。在传统的 RB 对流中，Nu 和 Ra 的幂律关系指数满足 $a \leqslant 1/3$[27,96-97]，这是理解周围大量自然现象和设计工程过程的理论基础，这种较弱的幂律关系从很大程度上限制了给定的加热和冷却设备的换热效率，相关的加热和冷却设备涵盖了化学、生物反应器技术、电子、动力工程等广泛的应用场景。

近年来，旨在提高湍流自然对流热交换能力的研究迅猛发展，相关的技术手段可以分为以下几种。

1. 引入壁面粗糙结构

在系统的冷、热板表面添加粗糙结构可以达到增强系统传热效率的效果，该粗糙结构可以分为对称结构（如金字塔形阵列[52-53,113]、方形截面阵列[54-55]、纳米柱阵列[56]）和不对称的棘齿结构[50,57]。粗糙结构直接调制了边界层特性，增强了冷板和热板产生的冷羽流和热羽流的脱落效率，从而使传热增强。然而最近 Zhang 等[58] 发现，粗糙结构并不总是导致传热的增强，他们观察到当粗糙结构的高度较小时，与光滑壁面系统的传热效率相比，粗糙系统的传热效率反而降低，而在较大的粗糙结构高度时传热增加。这主要是因为在粗糙结构的高度较小时，粗糙元之间的空穴（或空腔）中会夹带热流体或冷流体，从而导致热边界层厚度增加，进而阻碍了系统热量的传递，导致热输运效率相较于光滑壁面系统降低。此外，他们还发现当工作流体的普朗特数（Prandtl number，Pr，衡量动量扩散速度和热量扩散速度的相对强度）或系统的热驱动力强度发生改变时，试图通过引入粗糙结构来实现传热增强需要额外的限制：对于很高的 Pr 或很小的热驱动力强度的情况，粗糙结构的有效高度需要设置得很高，才能实现传热的增强效果，然而由于对流槽的高度限制，粗糙结构的高度可能无法达到增强热传输的参数区间。王[114] 也同样发现了粗糙表面对热对流输运效率的削弱影响。因此，一方面选择使用粗糙结构来增强系统对流换热效率的方法在实际操作中需要格外小心，应综合考虑系统工作流体的性质、系统热驱动力强度及对流槽设计限制等；另一方面，在系统内引入粗糙结构即意味着需要改变现有换热装置的结构，这无疑会带来额外的设计、制作和加工成本。上述局限性给通过引入粗糙结构来达到传热增强效果的方法的进一步推广和应用带来了阻碍。

2. 旋转 RB 对流系统

Stevens 等[63] 使用直接数值模拟的方法证明，当旋转 RB 对流系统的无量纲角速度（即罗斯贝数的倒数，$1/Ro$）达到临界值时，系统可以实现增强传热的效果，传热增强的原因是厄克曼螺旋的形成：厄克曼螺旋垂直排列并从下部（上部）边界层吸取热（冷）流体，从而有利于热量的传输；Chong 等[64] 也报道了旋转 RB 对流系统的传热增强特性，他们认为传热增强为系统内部流动结构向有组织性的结构演化的结果；Lu 等[115] 通过实验和数值模拟手段研究了不同宽高比的旋转 RB 系统内的传热特性，发现在侧壁附近形成的边界流可以引起 Nu 的显著增强；适度的旋转可以增强旋转 RB 对流系统中的热传输，但是强烈的旋转会使对流热传输受到抑制[116]，因此需要选择合适的参数区间以达到传热增强的效果。

3. 改变工作液体的性质

可以在工作液体中添加高分子聚合物、纳米颗粒、热响应颗粒等[65-69,117-118] 以改变工作液体性质从而达到增强传热的效果。Kim 等[119] 通过对流稳定性分析发现当工作流体为纳米颗粒悬浮液时容易发生对流运动，而纳米颗粒不同物理性质的组合效应有助于提高热输运效率。Hu 等[120] 在湍流 RB 对流系统中添加厘米级热响应（高热膨胀系数）惯性棒状颗粒，研究发现在较高的 Ra 区间，系统呈现传热增强的效果，但是在较低的 Ra 区间，系统的传热效率反而降低；传热增强的原因在于棒状颗粒与边界层的相互作用：颗粒充当了边界层上流场和温度场的“主动”混合器，但是当加入的棒状颗粒体积分数较高时，颗粒很可能被困在对流槽的角落区域，并形成多孔层覆盖加热或冷却板，使得棒状颗粒和工作液体的混合物不再是可移动的悬浮液，进而使传热增强的趋势变缓。

当所添加的微米或毫米级颗粒和背景流体的密度不匹配时，颗粒可能会从流体中沉淀出来而无法形成稳定的悬浮液；而且当加入颗粒的体积分数超过一个临界数值，系统的动力学特性和沉降颗粒的悬浮特性会发生改变[121]，所加入的颗粒一旦发生沉降，就可能形成多孔层，从而降低热输运效率[122]。另外也有相关研究发现传热抑制的效果，Hwang 等[70]使用以水为背景液体的纳米流体探究浮力驱动对流系统的传热性能，研究发现随着纳米颗粒体积浓度的增加，传热呈减弱的趋势；Putra 等[71] 的实验也显示相似的结果。Ahlers 和 Nikolaenko[72] 通过实验研究了聚合物添加剂对湍流 RB 对流系统传热的影响，其 Ra 范围为 $5\times10^9\sim7\times10^{10}$，研究发现同纯水相比，传热降低了 10%；Wei 等[123] 揭示了聚合物添加剂能够使热边界层稳定，减少热羽流的排放，从而降低热输运效率；Xie 等[124] 通过实验研究发现少量的聚合物添加剂可以增强热羽流的相干性从而显著增强湍流热对流体区的热传输，但是聚合物浓度存在一个阈值，只有在该阈值以上，才能观察到羽流相干特性的显著改变和局部热流的增强。

综上所述，通过加入颗粒物改变工作液体的性质以实现传热增强的效果需要合理选取所添加颗粒物的物理性质（如尺寸、密度等），还要兼顾所添加颗粒物的体积分数及对流所处的 Ra 作用区间等因素。通过改变工作液体的性质来改变系统的传热性能，需要探索合理的参数区间，否则可能会达到相反的效果。

4. 使用多相流：通入气泡/沸腾工作液体

通过在对流系统中引入气泡或蒸气泡的手段以达到提高热输运效率的效果，即在系统内通入空气泡[125]，或者提高加热板的温度到超过工作液体沸点从而使工作液体沸腾产生蒸气泡。对通入空气泡的对流系统的早期研究表明[126-127]，气泡的存在调整了系统内的温度分布特性，当加热板附近的气体体积分数较高时会带来传热增强。Dabiri 等[128] 利用直接数值模拟探究了两恒定热流平行板之间的气泡流传热特性，研究发现气泡搅动了壁面处附着的黏性层，从而减小了壁面附近热传导区域的范围，使得传热增强。在自然对流系统中，气泡注入对传热影响的研究主要是在靠近加热壁的位置注入微米级气泡[129-130] 和亚毫米级气泡[131]。Kitagawa 和 Murai[131] 在垂直加热板处注入微米级气泡以探究其对自然对流传热效率的影响，研究发现不管是在层流区间还是在过渡流动区间，气泡的注入均会带来传热的显著增强，其原因在于：当系统处于层流区间时，气泡的注入会增强流体的有效掺混；而在过渡区间时，气泡的注入则会加速流动向湍流的过渡。Gvozdic 等[73-74] 实验研究了在垂直 RB 对流系统内均匀或不均匀地注入毫米级空气泡时系统的传热性能，研究发现通入空气泡可以大幅增强系统的传热效率，这是由快速运动的气泡引起的液体掺混所主导的；Deckwer[132] 通过实验的手段证明向流体中注入气泡可导致相较于单相流体传热量近一百倍的传热增强。但是通入空气泡以增强对流换热效率的方法要求对流系统具有良好的气体通入和排出通道，即仅适用于开口系统，对于工业应用中常用的封闭换热系统，可能会引发局部气体聚集而导致传热恶化，故此方法并不适用。除直接向流体中注入气泡外，还可以直接使工作液体沸腾从而引入蒸气泡。Zhong 等[75] 实验研究了一种两相 RB 对流系统，系统的上板（冷却）和下板（加热）之间施加的温差跨越了液-气相变线，系统内同时存在冷凝和沸腾过程，因此气-液相变过程的潜热提供了额外的热量传递机制，可以达到增强系统热量传递的效果；类似地，通过实验或数值模拟已经证明沸腾是促进热量传递极其有效的方法[5,76]。使工作液体沸腾的方式对系统的高温耐受性要求较高，且较高的工作温度本身会带来安全隐患。另外，通过结合加热/冷却壁面的壁面处理手段，Liu 等[133] 提出使用亲油壁来显著增强多组分工作流体（油和水的分层流体）湍流热对流中的热传输。

5. 研究现状总结

在提高湍流热对流热交换能力方面，虽然前文所述的增强对流传热效率的方法和思路已从实验和数值模拟的角度被证明具有可行性，且有些手段已在各种技术和工业应用中采用，但它们对既定的热交换器的适用性，以及在需要更高热交换潜力的情况下可能会受到一定限制。例如，针对既定的热交换器，通过引入壁面粗糙结构、旋转 RB 对流系统、改变工作液体的性质或在系统内通入空气泡的方法和思路都不可行。在对流系统边界处加入粗糙结构，或者使用纳米流体或高分子聚合物的流体作为工作液体的方法在不同的参数条件下可能会得到传热增强或传热降低的效果，所以需要综合考虑所有因素选取合适的参数区间才能得到传热增强；在系统内通入空气泡的方法虽然可以达到很高的传热增强，但是这种方法只适用于开放式竖直传热系统（通入的气体能够逸出），而且通入空气泡也会额外消耗能量；对于以水为工作液体的换热系统，通过引起气-液相变循环来增强传热，需要将加热板温度升高到工作液体的沸点，这会使系统工作在极限的温度条件下，通常会引发设备的损坏等安全问题；此外，上述方法需要对现有换热装置的结构进行改造，这无疑会给换热系统的设计和布置增添额外的成本、难度和挑战。

1.2.2 结冰或融冰动力学特性、输运特性及固-液界面形貌特征

许多与地球物理相关的地形和地貌是由于流体运动与固相边界之间的动力学相互作用而产生的。通常，移动的固体边界是由于相变或腐蚀（发生化学反应或流水侵蚀等）引起的，相关的过程涉及由于海洋流动而形成的冰川、冰架、因冰架崩解形成的漂浮的冰山、池塘或湖泊中形成的浮冰、诸多地质地形[18]、天体地貌[134]及日常生活和许多工业生产过程[21,135]。

通常情况下，水温度较高时密度小，因此会上浮；而冷水密度较大，因此会下沉。但是，一旦水温达到 4℃ 左右（在标准大气压条件下），情况变得更加复杂：水的密度在约 4℃ 时达到最大，当水温低于 4℃ 时水就会膨胀，这也是水体环境中冰首先出现在水面之上的原因。由于水的密度在 4℃ 附近时的非单调变化特性，形成了重力稳定分层流体层和不稳定分层流体层的耦合作用[136-137]。重力稳定分层流体层即流体的密度沿重力方向增加，其内不存在流体流动，只可能受到周围流体流动的扰动；重力不稳定分层流体层即流体的密度沿重力方向减小，其内流体在一定的浮力作用下产生对流运动。

基于上述问题，可以总结出两个关键物理现象：密度反转和固-液相变。根据不同的系统是否包含这两个关键现象，可以分为：当在 RB 对流系统中只考虑密度反转（无相变），即穿透对流[136]（penetrative convection），则系统的温度范围包含水密度最大的温度值，因此重力稳定层和

重力不稳定层共存；当在 RB 对流系统中考虑固-液相变问题，又可以根据工作液体的密度特性分为两种情况，一种是密度随温度线性变化（线性浮力流体）；另一种是密度随温度非单调变化（具有密度反转特性）。接下来将详细阐述专家、学者所进行的相关研究。

1. 穿透对流：考虑密度反转特性且无相变

穿透对流指重力不稳定的流体层与重力稳定流体层共存的对流[136,138]，其产生的根源在于液体密度随温度的非线性变化特性。不稳定层中流体的运动通常由热源驱动。穿透对流在天体物理和地球物理领域十分常见[136,139]，典型例子如恒星中对流区和辐射区之间的相互作用[140]、地面的辐射加热[141-142]对大气中近地表的稳定分层造成破坏，以及由于表面冷却或海冰的形成而使上层海洋混合层加深[143]。

当水作为工作液体，其密度最大值出现在温度 $T_c = 4℃$。如果水层的上表面温度保持在 T_c 以下，下表面温度保持在 T_c 以上，则温度低于 T_c 的流体层处于稳定分层，温度高于 T_c 的流体层处于不稳定分层。随着不稳定层 Ra 的增加，对流将开始，位于稳定层的流体被不稳定层的流体夹带，从而导致对流区域范围的扩大。

Veronis[136] 率先开展了对穿透对流的稳定性分析，他的研究模型为下部温度保持在 0℃、上部温度保持大于 4℃ 的水柱，通过线性稳定性分析，揭示了该液体层的临界 Ra 发生变化的原因。Townsend[144] 首次对穿透对流进行了实验研究，实验中的水层下表面温度为 0℃、上表面温度保持在 25℃，实验发现温度波动幅度最大的位置发生在稳定层的底部附近，通过将染料释放到稳定层的区域，他发现有部分染料被带入不稳定层（对流区），Townsend[144] 认为温度的大幅度波动是由于在稳定区和不稳定区的交界处产生了重力波，这些重力波则来自羽流（产生于水层的下表面）的随机撞击，但是由于实验精度的限制，对流槽侧壁热损失严重，因此无法对系统的传热特性进行定量测量。为了探究对流层厚度的演化动力学特性，Deardorff 等[141] 以水作为工质，在远离 T_c 的温度区间开展研究，他们设定水层的初始条件为稳定分层，通过升高下板温度使系统内逐渐建立对流。通过理论模型分析，他们发现不论下板为恒定热流还是恒定温度条件，对流层厚度的增长模式基本没有差异（均为近似扩散式增长），而这个结论也在 Verzicco 和 Sreenivasan[145] 对传统 RB 对流系统中热输运的研究中得到证实：在恒定温度和恒定热流量的边界条件下，RB 对流系统的热输运特性是相同的；Tennekes[142] 及 Mahrt 和 Lenschow[146] 也建立了类似的理论模型来研究对流层的演变。Toppaladoddi 和 Wettlaufer[147] 利用水的非线性状态方程研究了高热驱动力（Ra）条件下水的穿透对流，通过积分能量平衡方程获得对流区域平均厚度增长的演化方程，并确定了穿透对流中一个新的无量纲控制参数（Λ），即流动的稳定区域和不稳定区域的温差之比（值越大，表示上部稳定层的稳定性越高）。可使用解析度良好的直接数值模拟研究系统宽高比对流场的影响；类似地，Wang 等[148] 发现, 在研究的参数范围内，穿透对流中的响应参数存在普遍规律：穿透对流系统的 Nu 和传统 RB 对流的 Nu 的比值、穿透对流的无量纲流动强度（雷诺数，Reynolds number，Re）和传统 RB 对流的 Re 的比值、对流槽中心的无量纲温度（通过系统的温差进行归一化）几乎不依赖于热驱动力强度 Ra；此外，其他相关研究发现穿透对流中稳定和不稳定分层可以诱导重力波的产生[149-150]。

关于穿透对流的研究表明，当流体所处的温度区间涉及密度反转温度时，系统的流动结构和输运特性与传统的自然对流系统存在差异，稳定层和不稳定层的相互作用会诱发丰富的现象。

2. 对流和固-液相变的耦合研究

一方面，当在 RB 对流系统中仅考虑固-液相变但忽略密度反转特性，即关注线性浮力流体的固-液相变过程，相关研究聚焦在该系统的全局响应参数，如热流、动能及 RB 对流系统中具有融化边界条件的固-液界面形态的动力学等[78-80,84]，并强调了固-液界面形貌的复杂性，以及它对对流强度、工作流体性质、系统的维度和几何结构等方面的依赖性[78-82]。与相变材料（phase-change material，PCM）等密度随温度线性变化的工作液体的相变过程相关的研究则关注传热、相变锋面形貌特征的定性分析[79-80,85,151-152]、传热特性对不同系统倾斜角度的依赖关系[84-85]、不同形状的对流槽中 PCM 的传热特性和流动结构的研究[153]。此外，还有研究具有移动固-液边界条件的形貌模式选择和稳定性分析（使用的工作液体为环己烷）[86-87]、包含温度和溶质浓度两种被动标量梯度的扩散系统中的固-液相变问题[88-90]、不同对流槽的构型对固-液相变和温度分布的影响[91-93]、包含固-液相变的线性浮力系统中流动开始的条件[154]，以及线性浮力流体在剪切流作用下的固-液界面形貌[155]。一些专家学者开发了与线性浮力自然对流系统固-液相变问题相关的直接数值模拟方法[92,156-159]；另外，有研究发现在线性密度流体系统中存在双平衡态现象，这取决于系统演化的初始态是完全的液相还是完全的固相[81,83,87]。

另一方面，当工作液体为水且温度范围涵盖密度反转温度时，则会涉及水的密度反转特性，而相关的研究基本都是一些早期的实验研究和定性分析。Tankin 和 Farhadieh[160] 实验探究了水层中的羽流对结冰的影响，并指出稳定层的波动和不稳定层的流体运动直接相关。Sugawara 等[161] 研究了辐射条件下具有自由表面的水平冰层的融化问题，他们发现冰层的融化存在两个区间，分别为导热和对流共存区间及仅存在对流的区间。Brewster 和 Gebhart[162]、Keitzl 等[163] 及 Zolotukhina 等[164] 均实验研究了纯水结冰速率和系统的对流换热速率，并发现水的密度反转特性对结冰速率和流体流动产生了显著影响。Boger 和 Westwater[165] 实验研究了水的相变（结冰和融冰）的固-液界面移动速率，测量了瞬态和平衡态流场的温度剖面，并发现在较高 Ra 条件下固-液界面移动速率存在震荡现象，但是该实验中所使用的对流槽较小（仅为 1.27 cm×1.27 cm×5.08 cm），相应的所能达到的最大 Ra 仅为 10^7 量级，对流槽边壁可能对实验结果的精度产生影响；且囿于当时的实验条件，并未对固-液界面形貌特征进行讨论。Yen[166-167] 实验研究了水的固-液相变和对流耦合系统中流动开始的条件，并发现对流开始的临界条件和系统的边界条件相关；进一步地，Yen[168] 还发现了固-液界面处存在波峰波谷的形貌特征。Kowalewski 和 Rebow[169] 研究了 VC 系统中的水结冰问题，实验拍摄到固-液界面的独特形貌特征，但是并未对形成该形貌特征的物理机制进行定量分析。Osorio 等[170] 研究了倾斜对流系统的水相变问题；Kim 等[171] 则利用理论建模的方法研究了水的固-液相变和对流耦合系统中流动开始的条件。Kumar 等[172] 实验研究了立方腔中纯水底部冷却凝固过程，报道了四种不同的凝固状态（传导主导、早期对流、不稳定冰锋面和持续对流）。Li 等[173] 利用自然对流系统中水的固-液相变问题的格子玻尔兹曼（lattice Boltzmann method，LBM）直接数值模拟方法研究 VC 系统内的融化和凝固过程，他们考虑了四种不同的密度随温度变化模式（线性密度变化、凸函数变化、凹函数变化和水变化），研究发现密度的凸型和凹型函数变化都可以近似地用线性密度变化来表示，而水的密度变化不能近似为线性变化，除非涉及的温度范围相对较大；密度随温度的不同变化形式决定了自然对流的结构和强度，从而显著影响融化和凝固过程。虽然上述研究考虑了自然对流系统中水的固-液相变问题，但是大多数研究的结果偏重定性展示，缺少定量分析及对现象背后物理机制的研究；此外，由于实验精度和实验方法的局限性，缺少同条件下实验结果和直接数值模拟结果的一一对比，因此难以深入挖掘背后的物理原因。

3. 研究现状总结

在结冰或融冰动力学特性、输运特性及固-液界面形貌特征方面，已有研究只考虑了相变而忽略了水的物性特征，对水密度反转特性和固-液相变的耦合系统研究不足，且相关研究基本都集中在线性浮力工作流体和较小工作温差的情况，因此系统内流体产生的浮力与温度呈线性关系（布西内斯克近似，Boussinesq approximation[27]）。对于水的特殊性质，即密度反转特性及其所导致的非线性浮力效应，虽然有研究考虑了自然对流系统中水的固-液相变问题，但是大多数学者聚焦于定性的研究，且受限于实验精度和手段，无法形成实验和直接数值模拟的一对一比较分析，且缺少对现象背后物理机制的进一步揭示，故水的密度反转特性会对结冰动力学和冰水界面形貌产生何种影响的研究尚不充分。而上述这些因素对于正确预测冰层的生长及解释冰形貌特征具有十分重要的作用。例如，在地球物理流中，冬季典型的水温范围为 0~15℃，在这样一个跨越水密度最大值的温度范围内，必须考虑实际的稳定层和不稳定层的耦合，以正确预测冰可以形成多厚、达到平衡状态需要多长时间等关键科学问题。由水密度反转所导致的稳定层和不稳定层共存的流场和湍流流动、相变可进行充分的耦合，该耦合效应会如何影响真实条件下的固-液相变动力学特性？在不同热分层程度下，冰水界面的形貌有何具体特征及其背后的物理机制是什么？这一系列科学问题亟待解决，但目前尚缺乏系统的研究。

1.3 研究目的与内容

一方面，针对提高湍流热对流热交换能力的问题，已有技术存在传热增幅有限、空间限制、换热器设计和布置成本高、运行环境危险、参数域局限化（需综合考虑所有因素选取合适的参数区间才能得到传热增强）等问题，且对既定的热交换器应用的适用性存在一定限制，因此需要发展新的思路和技术实现给定的工业或生活用封闭换热系统的大幅传热增强效果。

另一方面，针对结冰或融冰动力学及热输运特性和固-液界面形貌特征的问题，已有研究存在忽略真实水的物性特征、集中在线性浮力工作流体和较小工作温差的工况、缺少对水密度反转特性和固-液相变耦合系统的定量分析和物理机制的讨论等问题。水的固-液相变演化的动力学特性、在不同程度的热分层条件下冰水界面具体形貌特征和物理作用机制等一系列科学问题并未得到系统的解决，而正确理解其背后的物理机理，有利于增强对海洋、地球物理和天体物理系统中的相变与热分层之间的耦合关系及相关工业生产过程的理解。

为了更加全面、系统地研究相变边界条件下热湍流耦合系统的动力学特性和热输运特性，从复杂的自然现象和工业生产中凝练出的科学问题总结如下。

（1）高温系统中的气-液相变过程：热对流作为基本传热方式之一，应用广泛却具有传热效率低的局限性，与气-液相变相关的最为核心的问题是如何极大限度地增强传热、突破自然对流的热输运极限，探究给定的工业或生活用封闭换热系统在保持现有换热装置基本结构、安全稳定运行、不额外消耗电能或机械能及不额外引入机械运动部件的前提下，寻找更加有效的方法获得更加高效的传热载体，实现传热的大幅度增强，突破自然对流的传热极限。

（2）低温系统中的液-固相变过程：最为核心的问题是在考虑水密度反转特性和真实物性条件下，探究凝固的动力学特性及其与周围湍流动力学的定量依赖关系；在湍流热对流、固-液相变及不同程度热分层的耦合系统内正确理解液-固界面的复杂形貌特征及其形成的物理作用机制，探究自然对流与相变耦合系统内水结冰或融冰的历史效应是否会导致系统出现多平衡态的现象。

上述科学问题的发现与探索不仅是基础科学和应用科学的重要议题，同时也是理解复杂自然现象及其物理机制、推动相关工业生产环节优化（如系统加热与制冷、核工业及冶金工业等）、提高节约能源成效的必经之路。需要说明的是，本书所涉及的工作流体的属性和物理演化过程均在标准大气压（P_0）环境下讨论，对于其他环境，本书研究结果所揭示的物理机制可进行适当推广和应用。

1.4 研究方法

一方面，与包含气-液相变的热对流系统相关：将实验测量和理论建模相结合，搭建两相热对流沸腾-凝结实验平台，以探索两相“类催化性颗粒”湍流增强自然对流传热效率的可行性；利用高速相机拍摄实验运行过程，利用灰度梯度作为示踪颗粒，通过互相关算法计算出气泡群速度，从而揭示相变潜热对传热增强的贡献；利用激光诱导荧光技术使湍流场可视化，从而比较单相湍流场和两相湍流场的掺混特性；通过改变实验工况，探究不同工况对两相“类催化性颗粒”湍流系统热输运特性的影响。

另一方面，与包含液-固相变的热对流系统相关：搭建高精度且可控的两相热对流结冰-融冰实验平台；完善模拟固-液相变的直接数值模拟程序，在直接数值模拟中同时考虑水密度反转特性和冰、水不同物理性质及固-液相变潜热的斯特藩条件，将实验和直接数值模拟在相同控制条件下的结果一一对比；从实验、直接数值模拟和理论建模三个角度研究相变、湍流和水密度反转的耦合动力学特性及固-液界面形貌特征，建立理论模型揭示形成固-液界面形貌特征的物理机制；通过实验和直接数值模拟探究自然对流与相变耦合系统内的多平衡态问题，并通过理论建模揭示其物理机理。

1.5 本书结构安排

本书所涉及的相变边界条件包括高温系统内的气-液相变及低温系统中的液-固相变，这两个方向的研究均从相变、自然对流（湍流）及传热三者的耦合作用角度详细展开。本书的整体结构如下。

第 1 章，阐述研究具有相变边界条件的热湍流动力学和热输运特性的背景与意义，凝练科学问题；围绕气-液相变和固-液相变与热湍流的耦合系统分别综述增强自然对流传热效率，以及结冰或融冰的动力学特性、输运特性和固-液界面形貌特征的研究现状，在此基础上提出本书的研究目的与研究内容；简要介绍本书所使用的研究方法；简要概述本书整体行文脉络与结构安排。

本书的第 2 章和第 3 章主要研究在包含气-液相变的热对流系统内，如何极大限度地增强传热、突破自然对流传热极限。

第 2 章，研究热对流系统中两相“类催化性颗粒”湍流对系统热输运特性的影响，研究方法为实验和理论建模相结合。提出两相“类催化性颗粒”湍流的理念，并搭建两相热对流沸腾-凝结实验平台。在实验中观察到新的湍流相干结构形成，同时观测到剧烈的传热增强，从实验的角度直接证明了利用两相“类催化性颗粒”增强湍流传热效率的可行性；通过分析实验数据并结合理论建立模型揭示传热增强的物理机制，即液体相变潜热提供额外的传热机理及气泡流导致的湍流场的掺混效应。

第 3 章，进一步利用实验的手段拓展了两相“类催化性颗粒”湍流增强传热的不同应用场景，阐述系统内两种蒸气泡的形成模式；通过测量并分析系统上板和下板的温度脉动特征，发现低沸点液体层的厚度对上板和下板的温度脉动具有至关重要的影响；发现两相区温度脉动相较于单相区呈现突然增长的现象，并揭示其原因在于受到“类催化性颗粒”气-液相变过程中间歇性“加热”和“冷却”的影响；通过对系统处于不同工况时的传热行为进行观测，发现两相“类催化性颗粒”湍流系统传热增强具有稳健性。

本书的第 4 章、第 5 章和第 6 章主要研究在包含液-固相变的热对流系统内，结冰动力学特性的决定因素、决定冰-水界面形貌特征的物理机制及移动液-固界面系统内的多平衡态问题。

第 4 章，讨论自然对流与移动液-固相变界面演化的耦合动力学和流动结构。通过实验、直接数值模拟和理论建模相结合的手段，并合理考虑水的密度反转特性及其所导致的热稳定分层和不稳定分层共存现象，揭示当涉及结冰问题时，水的密度反转特性有可能对系统的演化行为产生的影响，合理考虑并评估其影响以正确预测系统行为；通过探索不同热驱动力条件下系统的流动特性，发现系统内存在四种流动区间，并揭示每个区间所对应的不同热分层特性和平衡状态；通过建立理论传热模型，定量捕捉系统冰层厚度和结冰时间尺度等系统的全局响应特征。

第 5 章，通过实验结合直接数值模拟方法，探究自然对流和水相变耦合系统平衡态冰-水界面形貌特征，并通过理论建模解释形成冰-水界面形貌特征的物理机制。研究发现，影响平衡态冰-水界面形貌特征的主要因素是系统中存在沿着冰-水界面向上发展的冷羽流，这种冷羽流的产生归因于水的密度反转特性及其所导致的两个相互竞争的旋转方向相反的对流涡；揭示影响冰-水界面形貌具体形式的物理机制；通过建立边界层模型和浮力强度模型，对冰-水界面的主要形貌特征进行解释和预测。

第 6 章，探索自然对流与固-液相变耦合系统的多平衡态问题。通过直接数值模拟的方法研究了结冰或融冰过程的历史效应对系统平衡状态的影响，发现当 RB 对流系统处于中等热驱动强度时存在多平衡态问题，但 VC 系统的平衡状态具有较高的稳健性，不会因为结冰或融冰的不同历史效应而发生变化；通过建立系统的热流模型，揭示初始条件的差异所导致的双平衡态形成的物理机制；通过实验和直接数值模拟手段研究了系统宽高比的影响。研究发现，即使 RB 对流系统最终平衡在对流状态，其冰-水界面也可以呈现出不同的形貌特征，这主要是由水层内不同的对流涡构型所决定的。在 VC 系统中，不同尺寸的系统内冰-水界面的形貌特征则具有较高的相似性，其原因在于水层内始终存在两个旋转方向相反的对流涡的相互竞争。通过将边界层模型进一步推广，可以对冰-水界面形貌进行定量预测。

第 7 章，总结全书的研究工作，展示研究的创新点，并对未来可能的相关研究方向进行展望。

第 2 章 两相“类催化性颗粒”湍流对热对流系统热输运特性的影响

本章主要介绍了湍流热对流系统中的两相“类催化性颗粒”对系统热输运特性的影响，研究方法为实验和理论建模相结合。本章提出并设计了一个新型的封闭湍流系统，即在传统的 RB 热对流系统中引入少量沸点低于水的第二种液体（一种电子氟化液——HFE-7000），并控制系统的加热和冷却温度，使系统中形成两相“类催化性颗粒”湍流。基于此理念，设计并搭建了两相热对流沸腾-凝结实验平台，在实验中观察到新的湍流相干结构的形成，同时观测到大幅度传热增强，从实验的角度直接证明了利用两相“类催化性颗粒”增强湍流传热效率的可行性。通过进一步分析实验数据并结合理论建模，揭示了传热大幅度增强的物理机理，其机理可归结为两点：一是液体相变潜热提供额外的传热机理；二是气泡流导致的湍流场掺混效应。研究表明，只需对传统的热湍流系统进行少量改造，所形成的新型系统即可长时间安全、稳定地运行，并实现大幅度的强化传热。本章工作具有重要的潜在应用价值，同时也为后续探索不同工况对系统传热特性的影响奠定了基础（见第 3 章）。

2.1 研究目的

热湍流与气-液相变的耦合过程对于调控湍流的输运特性有着关键作用，因此探索如何通过该过程极大限度地提升对流传热效率、突破自然对流的传热极限等问题具有十分重要的实际应用意义，并且许多场景存在设计和应用的限制条件——需要保持现有换热装置的结构、系统在安全温度范围能够长时间稳定工作，以及系统在传热增强的同时不额外消耗能量。这些限制给上述问题的研究带来更大的挑战。

本章将致力于探索新型传热增强的原理，通过搭建两相热对流沸腾-凝结实验平台、进行两相热对流沸腾-凝结实验探究，以及建立理论模型综合分析实验数据等手段，探索两相热湍流增强传热效率的可行性并揭示传热增强的物理机制，希望能够拓宽高效、稳定的增强自然对流传热的思路，并对相关工业应用过程提供指导。

本章首先介绍两相“类催化性颗粒”湍流系统的理念，再介绍两相热对流沸腾-凝结实验平台；其次通过设计并进行精密的实验结合严密的理论分析证明这一新理念增强自然对流传热效率的可行性，并揭示传热增强背后的物理机制；最后对本章的内容进行总结。

2.2　两相“类催化性颗粒”湍流系统的形成

两相“类催化性颗粒”湍流系统的形成过程如图 2.1 所示。

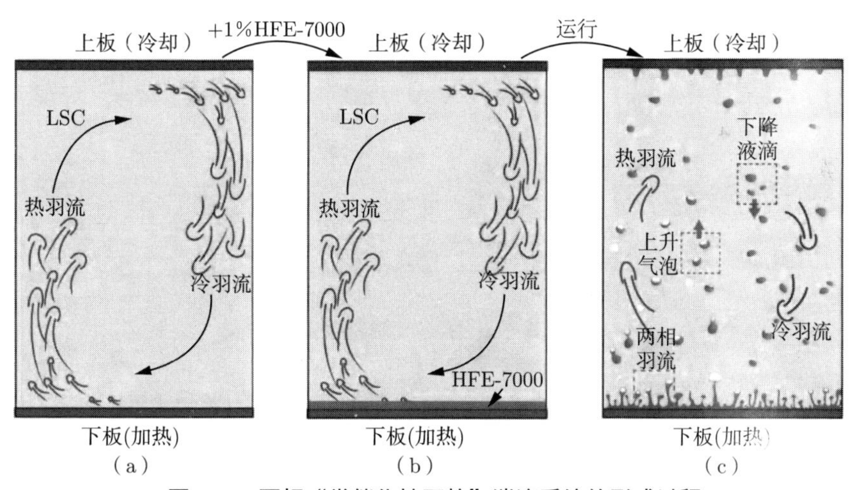

图 2.1　两相“类催化性颗粒”湍流系统的形成过程

（a）基于水的传统自然对流系统；（b）两相“类催化性颗粒”湍流系统；（c）HFE-7000 在对流槽内发生持续的气-液相变循环

传统的自然对流系统以水为工作流体（图 2.1（a）），下板为加热边界条件（保持恒定温度 T_{b}），上板为冷却边界条件（保持恒定温度 T_{t}），上下板之间建立一定的温度差 ΔT（$\Delta T = T_{\mathrm{b}} - T_{\mathrm{t}}$），温差引起内部工作流体的密度差异，进而由浮力驱动引发内部流体的流动，并自组织形成大尺度环流（large-scale-circulation, LSC）。以“基于水的传统自然对流系统”为基础，在其中引入少量（体积分数 ϕ 仅为 1%）的低沸点液体 HFE-7000，HFE-7000 密度大于水且不与水混溶（HFE-7000 的详细物理性质见 2.3.3节）。当 HFE-7000 加入对流槽内，会与作为工作液体的水自然分层：HFE-7000 在下层与下板接触，水在上层（图 2.1（b））。该系统的工作条件为：控制下板的温度高于 HFE-7000 沸点，上板温度低于其沸点，在这种温度控制条件下，低沸点液体 HFE-7000 在对流系统内发生的气-液相变循环过程如图 2.2 所示。HFE-7000 在下板处吸热产生蒸气泡，蒸气泡脱离下板处的 HFE-7000 液膜向上运动穿过对流槽主体区，之后蒸气泡到达上板，在低温作用下完全凝结，形成液滴回落，液滴返回至下板处进行下一轮的气-液相变循环过程。可持续、稳定进行气-液相变循环的系统即为两相“类催化性颗粒”湍流系统（图 2.1（c）），两相“类催化性颗粒”的相关内容将在 2.4 节中进行具体介绍。

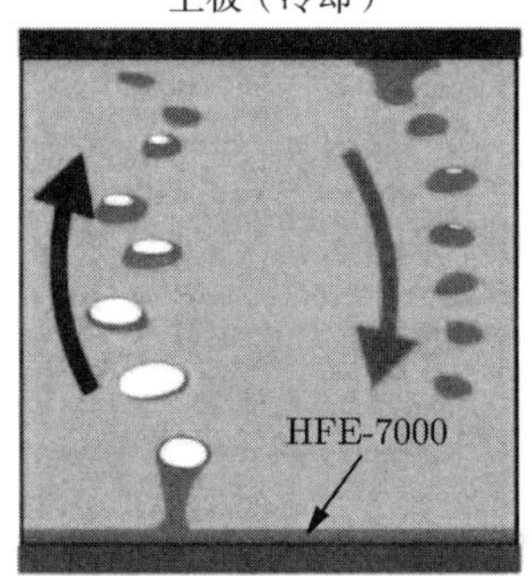

图 2.2　低沸点液体 HFE-7000 在对流系统内发生的气-液相变循环过程

2.3　两相热对流沸腾-凝结实验平台

前述两相“类催化性颗粒”湍流的实现将面临两方面的问题与挑战：①自组织性：需要保证低沸点液体 HFE-7000 自组织完成气-液相变循环；②自维持性：整个对流系统能够安全、稳定、长时间运行。为此，需设计精确可控的实验系统并进行精密的实验，下面将对相关实验平台及实验结果和分析过程进行详细介绍。

2.3.1　圆柱形两相热对流沸腾-凝结对流槽

两相热对流沸腾-凝结实验平台整体构型如图 2.3 所示。

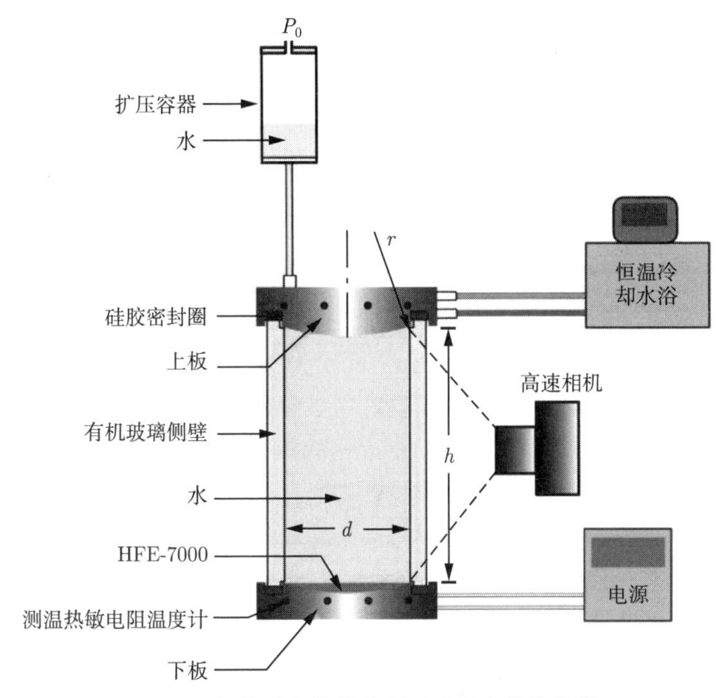

图 2.3　两相热对流沸腾-凝结实验平台整体构型

两相热对流沸腾-凝结实验对流槽分为上板、下板和侧壁三个部分，其有效体积为一个直径 $d = 200\,\mathrm{mm}$、高度 $h = 400\,\mathrm{mm}$ 的圆柱体，另有附属系统如扩压容器、上板的恒温冷却水浴、下板加热片的加热电源等。

上板和下板均选用紫铜作为制作材料，因为实验过程中需要令上板和下板保持在恒定的温度条件，而紫铜材料的热传导性能优良且造价适中，是作为工作液体和加热热源之间直接接触的较佳选择。需要注意的是，实验过程中上板和下板需要存在于液体环境及加热或冷却的条件下，为了防止上板和下板被腐蚀，需要在紫铜板的表面电镀一层惰性金属（镍单质）以增强其抗氧化性。

上板和下板均分为可拆卸的上下两层，可拆卸的两层之间通过螺栓连接。

上板的上层为一块表面光滑的紫铜板；上板的下层主要包含冷却腔室部分，冷却腔的圆环形循环冷却浴液流动通道（上板下层的循环冷却浴液流动通道构型见图 2.4（b））可保证上板达到均匀冷却的效果，冷却腔室的进水口和出水口均为螺纹孔，接入定制的螺纹管嘴，螺纹管嘴通过硅胶管与水冷机的相应出水口和进水口连接，从而形成循环水浴的回路。上板的温度由恒温冷却水浴（PolyScience PP15R-40）进行控制，可控制的最低温度为 −40℃、最高温度为 200℃，温度控制稳定性精度达 0.005℃。

上板的上层和下层在通过螺栓连接固定之前需要先加入一片厚度约 2 mm 的硅胶垫，以保证循环冷却浴液流动通道的密封性。同时在上板的下层侧面开有 8 个直径为 3 mm、深度为 20 mm 的孔，用于插入测温热敏电阻温度计。在上板的适当位置（不穿过冷却腔的圆环形循环冷却浴液流动通道）开有两个直径为 6 mm 的螺纹孔，该螺纹孔和定制的螺纹管嘴连接，靠近中心部位的螺纹管嘴通过硅胶管和扩压容器连接（扩压容器的详细介绍见 2.3.2节），另一个螺纹管嘴则直接连接一个具有自由端的硅胶管，以便在实验准备阶段进行系统的除气操作，从而保证在实验正式开始时工作液体充满对流槽的整个有效体积部分。在正式实验过程中，此硅胶管保持封闭状态。

下板的下层上表面开有一个直径为 200 mm、深度为 3 mm 的圆形槽，用于放入厚度约 0.3 mm 的加热片，作为整个对流槽的热源。加热片的数量根据系统的热输运效率确定，在本实验中使用加热片的数量为 1 ~ 8 片，圆形槽的有效尺寸和对流槽的有效体积的直径保持一致，以保证整个对流系统的有效加热面积和有效体积的有效底面积相同。在下板的下层侧面同样开有 8 个直径为 3 mm、深度为 20 mm 的孔，用于插入测温热敏电阻温度计。用于下板上、下层连接的螺纹孔均采用沉头螺栓，避免螺栓头影响观测视野，以保证进行流动可视化时视野的完整性。下板由 PI 薄膜加热片加热。值得注意的是，放置加热片的槽深为 3 mm，所需加热片厚度叠加后仅为 2.4 mm，剩余的空间需放置导热性能良好且与加热片同等大小的铜片将加热片压紧，每片铜片和加热片均需要涂抹适量硅脂，以保证加热片加热时热量传递的有效性。

在正式实验中，将热敏电阻插入上板和下板侧面的孔中对上板或下板的温度进行监测，为了保证热敏电阻头部和上下板的接触良好，需要在热敏电阻头部涂抹一层导热硅脂，以增强测量温度的准确性。

实验中的工作液体为水，同时需要引入少量（体积分数为 1%）密度大于水且较低沸点的第二种液体，为了使低沸点液体位于下板的中心区域，在下板的上表面设计了一个内凹的圆弧面（见图 2.4（c）及图 2.5（a）和图 2.5（c））。圆弧面的曲率半径为 $r = 326\,\text{mm}$，曲率较小，同时为保证对流槽的有效体积仍为直径 $d = 200\,\text{mm}$、高 $h = 400\,\text{mm}$ 的圆柱，在上板的下表面设计有外凸的圆弧面，其曲率半径与下板的内凹圆弧面保持一致。对流槽的侧壁材料为透明且具有很大强度的有机玻璃，侧壁内直径 $d = 200\,\text{mm}$，壁厚 20 mm，侧壁并未开任何通孔，目的

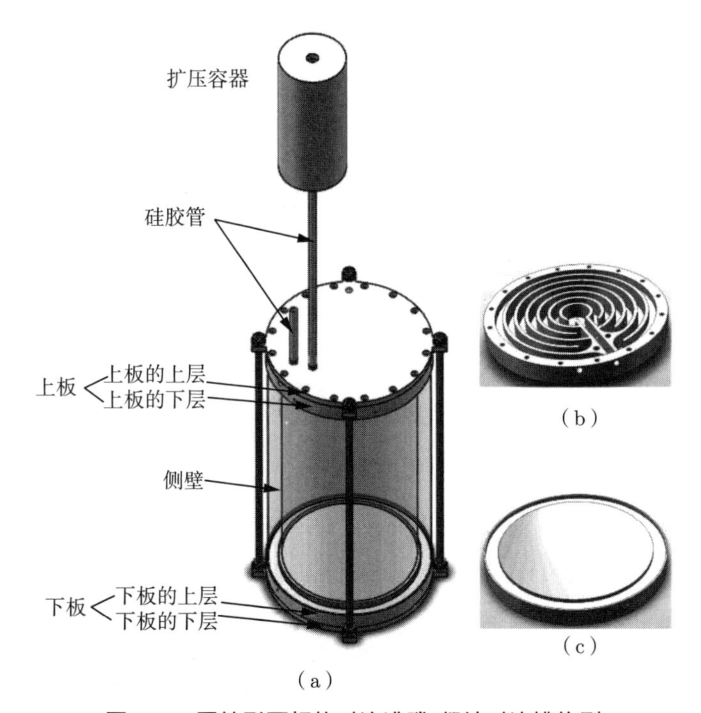

图 2.4　圆柱形两相热对流沸腾-凝结对流槽构型

（a）对流槽和扩压容器的整体架构；（b）上板下层的冷却腔的循环冷却浴液流动通道构型；（c）下板上层的构型

是保证侧壁受压力均匀。对流槽的上板和下板通过四个贯通的丝杠连接并将有机玻璃侧壁压紧，整体的构型见图 2.4（a）。

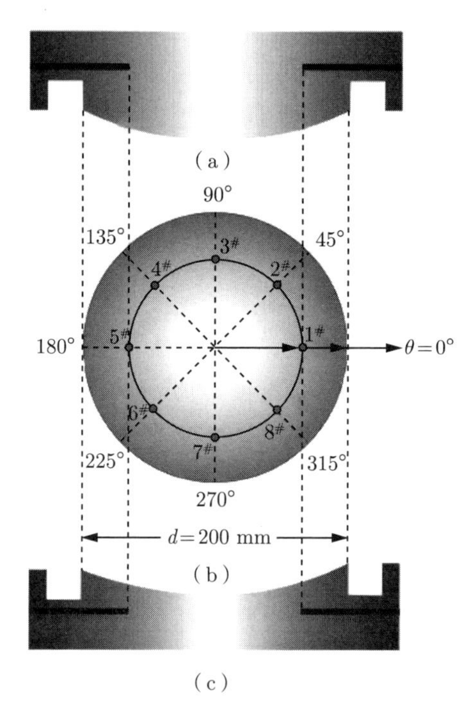

图 2.5　上板和下板的测温热敏电阻温度计位置分布

（a）分布在上板的测温热敏电阻温度计的位置的正视图；（b）测温热敏电阻温度计沿上板和下板的周向分布示意图；（c）分布在下板的测温热敏电阻温度计的位置的正视图

注：黑点位置表示测温热敏电阻温度计的头部所在位置。

2.3.2　扩压容器

一方面，在实验过程中，低沸点液体沸腾产生蒸气，低沸点液体的蒸气密度（$4.84\,\mathrm{kg\cdot m^{-3}}$）比液体的密度（$1400\,\mathrm{kg\cdot m^{-3}}$）小，因此同等质量的蒸气比液体占据更大的体积，从而引起对流槽内的体积变化；另一方面，实验过程中对流槽放置在漏热保护系统内（漏热保护系统在 2.3.5 节有详细介绍），需要一个指标来判断对流槽内发生气-液相变循环的程度及系统达到稳定状态的时刻，故设计了和对流槽相连的扩压容器。扩压容器为圆柱形，使用有机玻璃制作而成，其下端通过硅胶管与对流槽的上板相连，在实验开始之前需要使硅胶管内充满水，并且保证扩压容器内有一定的初始液面高度。扩压容器的上端开有螺纹孔，可与压力控制系统连接。为保证本研究的普适性，在实验过程中令扩压容器上端直接和外界大气相通，从而保证对流槽内的压力始终为一个标准大气压。扩压容器的液面高度变化范围为 1000~1100 mm，这部分水柱高度对对流槽施加的压强最大仅为 0.0108 MPa（远小于一个标准大气压），故可以忽略不计。综上所述，扩压容器的主要作用为：①平衡对流槽内的气-液相变所造成的体积膨胀，保证系统内的压强恒定；② 通过扩压容器内液面的变化监测对流槽内的气-液相变程度，以及系统运行达到最终稳定状态的时间，即对流槽内的沸腾和凝结达到动态平衡、扩压容器内的液面基本不变时所对应的时间；③根据低沸点液体气-液相变前后总质量守恒这一条件，通过系统运行达到最终稳定状态时扩压容器内的液面反推对流槽内产生的蒸气的体积分数（具体计算细节见 2.5.3 节），从而得到系统的热输运特性和蒸气的体积分数之间的定量关系。

2.3.3　工作液体

两相热对流沸腾-凝结实验的工作液体为超纯水（无杂质、有机物和矿物质微量元素等），超纯水的体积占对流槽总体积的 99%。在实验开始之前需要对工作液体进行脱气处理（去除水中溶解的空气），脱气方法为将超纯水煮沸，然后将其自然冷却至室温，此过程重复 2 ~ 3 次。在此基础上，引入第二种液体作为“添加剂”，即 HFE-7000 电子氟化液（简称 HFE-7000）。

HFE-7000 是一种低沸点液体，密度比水大且与水不混溶，相对较低的沸点可以使整个对流系统在较低的平均温度下进行 HFE-7000 沸腾实验，保证了实验过程的安全性。水和 HFE-7000 液体的物理性质见表 2.1。

HFE-7000 具有不易燃、无爆炸危害、无腐蚀性和不破坏臭氧层（ODP =0）的特点，广泛应用于工业实验、制药、化工及电子元器件冷却等领域。HFE-7000 液体在水中的溶解度为 43 $\mathrm{mL{\cdot}L^{-1}}$（在 25℃ 条件下），而在实验过程中添加到系统中的 HFE-7000 液体占对流槽体积的 1%，按照上述 HFE-7000 在水中的溶解度，在加入对流槽内的 HFE-7000 中有 99.57%仍然保持液体状态，这 99.57%的 HFE-7000 将参与对流槽内的气-液相变循环，并对系统的热输运特性产生影响。因此，由于 HFE-7000 和水的混溶性，所加入的 1%体积分数的 HFE-7000 液体中仅有 0.43%流失到水中，这不会对系统产生太大影响，可以认为 HFE-7000 和水处于不混溶的状态。

表 2.1 液态水和 HFE-7000 在 25℃ 时的物理性质

物理性质	HFE-7000	水
1 标准大气压下沸点 T_{cr}/℃	34	100
密度 $\rho/(\mathrm{kg{\cdot}m^{-3}})$	1400	1000
导热系数 $\lambda/(\mathrm{W{\cdot}m^{-1}{\cdot}K^{-1}})$	0.075	0.609
汽化潜热 $\mathcal{L}/(\mathrm{kJ{\cdot}kg^{-1}})$	142	2260
定压热容 $C_{\mathrm{p}}/(\mathrm{J{\cdot}kg^{-1}{\cdot}K^{-1}})$	1300	4179
运动黏度 $\nu/(\mathrm{m^2{\cdot}s^{-1}})$	3.3×10^{-7}	1.0×10^{-6}
等压热膨胀系数 γ/K^{-1}	2.19×10^{-3}	2.14×10^{-4}
蒸气压 /kPa	64.6	2.33

2.3.4 控制参数和响应参数

两相“类催化性颗粒”湍流系统的主要控制参数是雅各布数（Jakob number，Ja）、Ra、Pr 及对流系统的宽高比 Γ（表征对流槽几何特征的参数）。

两相“类催化性颗粒”湍流系统的主要响应参数为衡量全局无量纲热输运效率的 Nu。

接下来分别对控制参数和响应参数的具体定义进行说明。

1. 控制参数

Ja 表征系统可利用的显热与液体产生沸腾所必需的相变潜热的比值。

根据用于计算 Ja 的温差的数据来源，分为 Ja_{b} 和 Ja_{t}。其中下标“b”代表下板（bottom plate），表示用于计算 Ja 的温差来自下板温度，即过热度 $(T_{\mathrm{b}} - T_{\mathrm{cr}})$；下标“t”代表上板（top plate），表示用于计算 Ja 的温差来自上板温度，即过冷度 $(T_{\mathrm{t}} - T_{\mathrm{cr}})$，其定义为

$$Ja_{\mathrm{b}} = \frac{\rho_{\mathrm{Hl}} C_{\mathrm{pH}} (T_{\mathrm{b}} - T_{\mathrm{cr}})}{\rho_{\mathrm{Hv}} \mathcal{L}} \tag{2.1}$$

$$Ja_{\mathrm{t}} = \frac{\rho_{\mathrm{Hl}} C_{\mathrm{pH}} (T_{\mathrm{t}} - T_{\mathrm{cr}})}{\rho_{\mathrm{Hv}} \mathcal{L}} \tag{2.2}$$

从式中可以看出，Ja 还和 HFE-7000 液体的密度 ρ_{Hl}、HFE-7000 的蒸气密度 ρ_{Hv}、HFE-7000 液体的定压热容 C_{pH} 及 HFE-7000 液体的气-液相变潜热 $\mathcal{L}$ 有关。

Ra 表征无量纲温差，即热驱动力强度，其定义式为

$$Ra = \frac{g\gamma \Delta T h^3}{\nu\kappa} \tag{2.3}$$

式中：g 是重力加速度；h 表示对流槽有效体积的高度（工作液体的厚度）；γ 是等压热膨胀系数；ν 是运动黏度；κ 是热扩散系数。所有的物性参数均取工作液体（即水，详见 2.3.3 节）在对流系统平均温度 $(T_{\mathrm{t}} + T_{\mathrm{b}})/2$ 时的数值。

Pr 表征黏性扩散和热扩散速率的比值，其定义为

$$Pr = \frac{\nu}{\kappa} \tag{2.4}$$

对于圆柱形实验对流槽，表征其几何特征的参数定义为

$$\varGamma = \frac{d}{h} \tag{2.5}$$

式中：d 表示对流槽有效体积的直径，对于给定对流系统 $\varGamma$ 为定值。

2. 响应参数

在传统的自然对流系统中，响应参数为 Nu，表征无量纲热通量（系统的总热通量与冷/热边界法向的导热热流的比值），其定义为

$$Nu = \frac{Q}{\lambda\,\Delta T/h} = \frac{Q}{k\,\Delta T} \tag{2.6}$$

式中：Q 是测得的单位时间通过下板进入系统的热通量；λ 是工作流体（水）的导热系数；ΔT 是温度差，即 $\Delta T = T_{\mathrm{b}} - T_{\mathrm{t}}$；$k$ 是系统纯导热状态下的传热系数且满足 $k = (h/\lambda)^{-1}$，$1/k$ 即为系统的导热热阻。

在两相“类催化性颗粒”湍流系统中，加入很少量体积分数的 HFE-7000 液体，且系统内的水层（在上层）和 HFE-7000 液体层（在下层）

自然分层。分层流体会改变系统纯导热状态下的传热系数，当把系统看成是水层和 HFE-7000 液体层两层热阻串联，系统纯导热状态的有效传热系数则记为 k_{eff}，在传统 Nu 定义的基础上进行修正即可得到两相“类催化性颗粒”湍流系统的 Nu：

$$Nu = \frac{Q}{k_{\mathrm{eff}}\,\Delta T} \tag{2.7}$$

式中：有效传热系数定义为 $k_{\mathrm{eff}} = (h/\lambda_{\mathrm{eff}})^{-1} = (h_{\mathrm{w}}/\lambda_{\mathrm{w}} + h_{\mathrm{H}}/\lambda_{\mathrm{H}})^{-1}$（$\lambda_{\mathrm{eff}}$ 表示分层流体的总体导热系数，h_{w} 和 h_{H} 分别表示水层和 HFE-7000 液体层在纯导热状态下的厚度，λ_{w} 和 λ_{H} 分别表示水和 HFE-7000 液体的导热系数）。综合上述分析，在实验中的传热特性测量均使用经过有效传热系数修正之后的 Nu，如式 (2.7)所示。

2.3.5　温度控制系统

两相热对流沸腾-凝结实验中主要测量参数为系统的热输运效率，故需要采取一些温度控制措施来防止实验系统的热量损失，以保证测量参数的准确性。

首先为对流槽设计了铝合金材质的框架，该框架包括铝合金盆和圆筒形铝合金框，它们的尺寸均稍大于对流槽的尺寸。实验过程中，首先在铝合金盆内放置三块厚度为 30 mm 的 PVC 隔热板（目的是减少对流槽和光学平台之间的热量传递），然后将对流槽的下板置于其上，在最下层的 PVC 隔热板和铝合金盆之间放置加热片；铝合金框包围在有机玻璃侧壁周围，并且在铝合金框的内壁均匀布置贴片式加热片，铝合金框和有机玻璃侧壁之间填充高密度天然橡胶保温材料（其导热系数在平均温度为 0℃ 时小于 $0.03\,\mathrm{W\cdot m^{-1}\cdot K^{-1}}$，具有良好的保温、隔热特性）。对流槽上板则直接由高密度天然橡胶保温材料包裹隔热。

为了防止实验装置和周围环境之间进行辐射换热进而造成热量损失，实验中需在铝合金框、铝合金盆及上板处的高密度天然橡胶保温材料外围包裹铝箔覆膜保温棉。

此外，还设计了比例-积分-微分温度控制器（PID 控制器，结构如图 2.6 所示），温度感受器使用的是贴片式 PT 100 标准测温热电阻（型号为 CMWZP-TP-3P），一个置于侧壁的高密度天然橡胶保温材料，另一个置于铝合金盆内的两层 PVC 隔热板之间，分别用于测量对流槽侧壁和下板所处的环境温度，此温度信号作为输入信号输入 PID 控制器。PID 控制器的输出是继电器连接的贴片式加热片，加热片分别位于铝合金框的内壁及最下层的 PVC 隔热板和铝合金盆之间。下板的环境温度应该控制在等于下板温度的数值，若温度感受器监测到的温度低于下板温度，则继电器开关被触发，加热片开始工作，直到下板的环境温度等于下板温度，继电器断开，加热片停止工作；同样地，对流槽的侧壁环境温度应该控制在对流槽主体区的平均温度处。

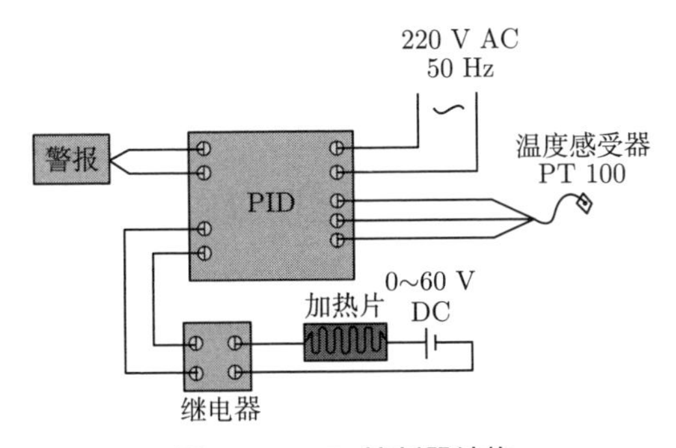

图 2.6　PID **控制器结构**

经过上述防止漏热的措施后，对流槽被完全包裹，其内工作流体的流动将不可见，而实验是在持续加热的条件下进行的，需要保证过程安全、稳定且实验能够长时间运行。为了使对流槽即便发生工作液体的泄露也能够保持安全，需额外设计防泄漏安全保护措施，即给 PID 温度控制器设置一个温度警示值（如选取对流槽平均温度数值的 20%），当温度感受器监测到的温度数值超过此警示值，则视为系统异常，此时会触发 PID 控制器的报警，并进行电路的断电保护。上述各种措施可从降低对流系统和周围环境之间的换热温差、增大二者之间的换热热阻、防止空气流动所形成的对流换热、减弱辐射换热等角度对对流系统进行温度控制，以保证实验精度。

2.3.6　热量损失误差分析

整个实验过程中，对流系统的平均温度最大为 $T_{\mathrm{m}} = 35\,^\circ\mathrm{C}$。铝箔覆膜保温棉外表面的发射率为 $\epsilon = 0.04$，环境的空气温度为 $T_{\mathrm{air}} = 25\,^\circ\mathrm{C}$，

空气和铝箔覆膜保温棉外表面之间的自然对流传热的表面传热系数取为 $h_{\text{a-Al}} = 3\,\text{W}\cdot\text{m}^{-2}\cdot\text{K}^{-1}$，包裹铝箔覆膜保温棉后的系统外径 d =380 mm，高度 $h_0 = 400\,\text{mm}$。接下来通过具体计算来估计系统的最大实际热损失。首先，实验系统通过和环境中的空气进行自然对流而造成的散热量 q_c:

$$q_\text{c} = \pi d h_0 h_{\text{a-Al}} \left(T_\text{m} - T_\text{air}\right) \tag{2.8}$$

实验系统外部通过辐射换热散失的热量 q_r 为（黑体辐射常数 σ 取 $5.67\times10^{-8}\ \text{W}\cdot\text{m}^{-2}\cdot\text{K}^{-4}$）

$$q_\text{r} = \pi d h_0 \sigma\epsilon \left[(T_\text{m} + 273.15\,\text{K})^4 - (T_\text{air} + 273.15\text{K})^4\right] \tag{2.9}$$

于是, 实验系统总的热损失量 q 为

$$q = q_\text{c} + q_\text{r} \tag{2.10}$$

相应地，实验测量了保持对流槽的平均温度为 T_m =35℃ 的连续 4 h 的平均所需加热功率 Q，计算可得，总的热损失量仅为平均所需加热功率 Q 的 2.6%。因此，在实际实验过程中，预计实际热量损失可限制在小于 2.6%的范围内，这足以开展精确的两相热对流沸腾-凝结实验[73]。

2.3.7　温度测量与采集系统

对上板和下板进行测温的温度计均为负温度系数测温热敏电阻温度计（Omega 44131），其温度测量的范围为 −80 ~ 75℃。温度计的头部直径仅为 2.5 mm，在空气中的时间常数为 2.5 s，在油浴中的时间常数为 1 s，温度计彼此之间的可互换性为 0.1℃。这些温度计在正式实验之前需要进行标定，保证温度计的最大测量误差不超过 0.02℃，这个测量精度足以满足实验需求。测温热敏电阻温度计与数据采集装置连接。实验中使用的数据采集装置是吉时利（Keithley Inc）2701 数字万用表搭配型号为 7703 的数据采集卡，具有六位半的精度。数据采集装置具备 32 个测量通道（每个通道可配置成不同的测量功能，如测量电阻、电压及电流等物理参数），可以实现实时采集测量上板和下板温度的共 16 个测温热敏电阻温度计的测量数据。实验中首先通过吉时利 2701 数字万用表采集每个测温热敏电阻温度计的电阻值，再根据 Steinhart-Hart 公式[174] 可以

计算得到每个测温热敏电阻温度计所对应的温度值，Steinhart-Hart 公式为 $T^{-1}=A+B\ln R+C\,(\ln R)^3$，式中：$T$ 是开尔文温度；R 是测温热敏电阻温度计的电阻值；A、B 和 C 是拟合系数，从标定过程可以得到。

2.3.1 节已经详细描述了上板和下板的测温热敏电阻温度计的插入位置分布，图 2.7 是代表性温度时间序列的示例，分别取自上板和下板的 $1^{\#}$ 位置的测温热敏电阻。

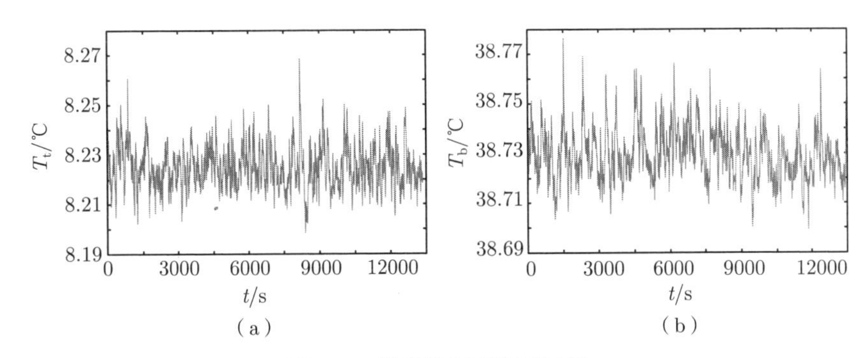

图 2.7　代表性温度信号示例

(a) 上板 $1^{\#}$ 位置的测温热敏电阻的温度信号时间序列；(b) 下板 $1^{\#}$ 位置的测温热敏电阻的温度信号时间序列

从这些温度信号中，可以判断系统在经过长时间的瞬态演化后已经达到了统计平衡状态。因此，可以使用每个热敏电阻的时间平均值作为上板和下板的每个测温热敏电阻的温度数据。

此外，图 2.8（a）和图 2.8（b）分别展示了测量上板、下板的 8 个温度计的时间平均温度值。

上板由恒温冷却水浴控制在恒定温度 $T_{\rm t}$，上板不同位置处测得的温度空间变化值小于上板和下板的温度差 ΔT 的 1%，而下板的温度空间变化值则小于 ΔT 的 3%（稍高于上板的温度空间变化是因为下板处时刻发生 HFE-7000 的沸腾）。总而言之，上板和下板的温度呈近似均匀的空间分布，因此，上板/下板的温度可由 8 个热敏电阻的时间平均温度 $\overline{T}_{x\#}$（$x=1,2,3,4,5,6,7,8$）的空间平均来表示，即 $\sum\limits_{x=1}^{x=8}\overline{T}_{x\#}/8$。为保证实验测得的温度数据的准确性，每组实验工况在温度时间序列达到统计上的稳定后需持续测量至少 10 h。

实验中关注的参数是系统的全局响应参数 Nu，即无量纲热流密度。

根据实验中测得对流槽上板温度 T_t 和下板温度 T_b（由此可知系统的工作温差为 $\Delta T = T_\mathrm{b} - T_\mathrm{t}$），以及单位时间通过下板进入系统的热量 Q（通过测量加热片两端的电压 U 和加热片的电阻 R 由 $Q = U^2/R$ 得到），可计算 Nu 的数值，即：$Nu= Q/(\lambda\Delta T/h)$，$Ra = g\gamma\Delta Th^3/(\nu\kappa)$。

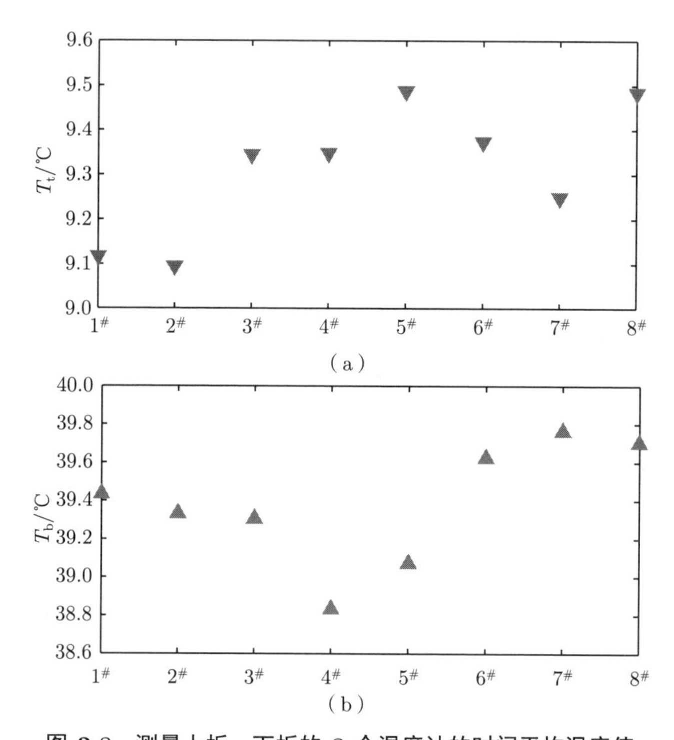

图 2.8 测量上板、下板的 8 个温度计的时间平均温度值

（a）上板 8 个位置的测温热敏电阻的时间平均温度；（b）下板 8 个位置的测温热敏电阻的时间平均温度

系统处于稳定状态的 Nu 的典型时间序列如图 2.9 所示，Nu 时间序列的标准偏差为 0.028，这足够保证传热测量的准确度。

2.3.8 流场可视化技术

为比较基于水的传统自然对流和两相“类催化性颗粒”湍流系统的流场掺混特性，实验中采用激光诱导荧光可视化湍流热对流系统流场。

为了避免污染正式实验的对流系统、方便观测大尺度环流的模式并使可视化观测精确可靠，另设计了两套完全一样的长宽高为 240 mm ×

60 mm × 240 mm 的方腔形对流槽 A 和 B，该对流槽为准二维，可以将大尺度环流限制在一个平面上以便观测。对流槽 A 中只有水作为工作液体，对流槽 B 中为体积分数为 99% 的水和 1% 的低沸点液体 HFE-7000 的双组分液体。

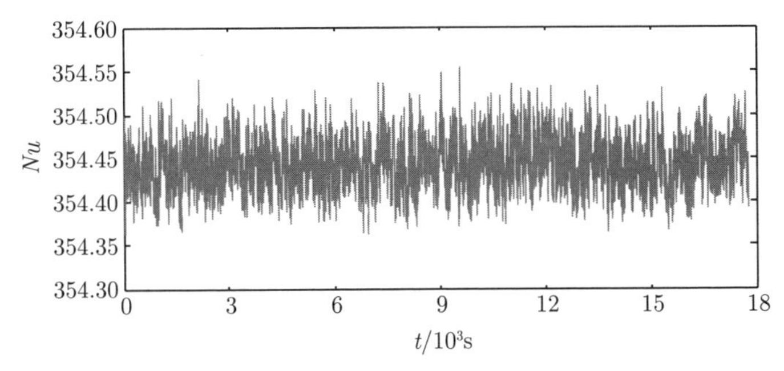

图 2.9　*Nu* 的典型时间序列

使用脉冲激光器（型号为 Vlite-200 532 nm 固体激光系统）发射激光束脉冲，通过配套的光学系统将激光束变为激光片光，此激光片光照射对流槽的竖直中心平面。然后在对流槽内释放罗丹明 B 染料，罗丹明 B 染料是一种化学示踪染料，作为一种常见的被动标量，只存在湍流流场对罗丹明 B 染料的单相输运，而忽略其对湍流流场的反馈效应，常用于显示流体流动和输运的方向[175]。罗丹明 B 染料在激光的照射下受激发而发出绿色荧光。高速相机（Dantec Dynamics 的 HiSense Zyla 相机）放置在对流槽的正面用于记录对流槽内罗丹明 B 染料的掺混情况，其配套的（绿色）滤光片可以过滤掉低沸点液体液滴和蒸气泡的杂散反射，以保证拍摄到的仅为发射绿色荧光的罗丹明 B 染料的动态掺混过程。脉冲激光器和高速相机可以进行同步，由此高速相机可以在激光脉冲的脉冲持续时间（7 ns）内拍摄到图像。图 2.10 展示出了染料可视化实验的实验布置。

在对流槽 A 和对流槽 B 内分别进行了基于水的传统自然对流罗丹明 B 染料流动掺混可视化，以及两相“类催化性颗粒”湍流系统罗丹明 B 染料流动掺混可视化实验。两个实验的实验设置是相同的：上板温度控制在 $T_{\mathrm{t}} = 13$℃, 下板温度 $T_{\mathrm{b}} = 43$℃。对流系统在具备如 2.3.5 节所描述的保温设施下运行到稳定状态，然后拆除系统的保温设施（这样可以看到对流槽内的流动状态），注射的罗丹明 B 染料具有同等的浓度（20℃ 时为15 g · L^{-1}）和同等的剂量（10 mL），且均通过漏斗无初速度释放到对流槽的上板中心 10 mm 处。通过上述可视化实验可定性比较单相和气-液两相流场湍流掺混的特性，测量结果将在 2.6.3 节中详细介绍。

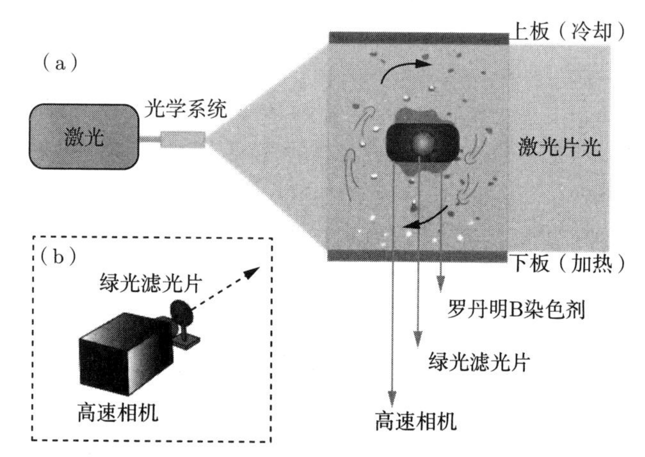

图 2.10 激光诱导荧光可视化湍流热对流系统流场掺混特性实验

（a）实验装置图；（b）高速相机和绿光滤光片的位置关系

2.4 传热载体："类催化性颗粒"

通过在两相热对流沸腾-凝结实验平台进行一系列的实验，首先证明了这个新型对流系统可以安全稳定且长时间运行，经过观察，发现对流槽内确实存在如 2.2节所描述的气-液两相循环。

同时发现，这一新型湍流系统中存在更多种类的传热载体。除了传统自然对流中所存在的热羽流（图 2.11（e））、冷羽流（图 2.11（f））和大尺度环流，还存在低沸点液体 HFE-7000 发生气-液相变循环后所形成的上升的气泡（图 2.11（b））、下降的液滴（图 2.11（c）），以及在下板 HFE-7000 液膜处脱落的两相羽流（图 2.11（d））。

从下板的 HFE-7000 液膜脱离的蒸气泡在向上运动的过程中由于温度降低而逐渐凝结，即蒸气的比例降低、HFE-7000 液体的比例增大，因此"上升气泡"实际上是双相态的 HFE-7000 蒸气和液体混合体，此处为简单起见统一称为“上升气泡”。

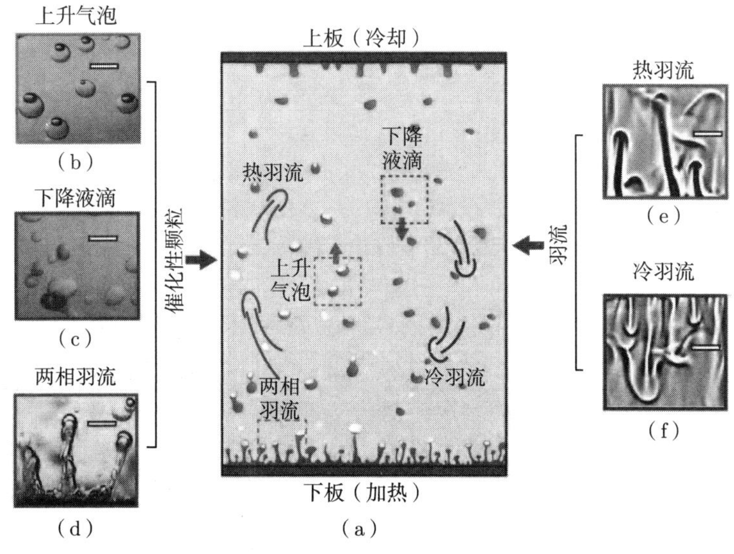

图 2.11　多种类的传热载体

(a) 两相“类催化性颗粒”湍流系统示意图；(b) 上升气泡；(c) 下降液滴；(d) 两相羽流；(e) 热羽流；(f) 冷羽流

注：图中的长度比例尺均表示 6 mm。

根据 2.2 节所描述的气-液相变循环过程，可以总结如下：HFE-7000 液体经历在下板处沸腾产生蒸气泡、蒸气泡在上板处凝结形成液滴及液滴从上板处脱落返回下板，在这个过程中热量被从下板传递到了上板，而作为热载体的 HFE-7000 蒸气泡/液滴、两相羽流等在完成热输运过程的前后并没有发生变化：从初始的液体状态到最终仍保持液体状态。因此，可以做一个类比：HFE-7000 在系统中经历气-液相变循环后所形成的上升气泡、下降液滴和两相羽流在热量传递过程中的作用原理类似于正向催化剂在增强化学反应速率过程中的作用，完成热量传递、增强化学反应速率前后 HFE-7000 、正向催化剂自身并没有发生变化，故形象地将上升气泡、下降液滴和两相羽流统称为“类催化性颗粒”，以区别于传统的传热载体（冷羽流、热羽流等）。

“类催化性颗粒”作为传热载体，其热浮力驱动特性远远优于传统的传热载体，并可以通过近似计算进行比较：已知热浮力驱动力与热膨胀系数 γ 及传热载体和背景流场的温度差异 ΔT 相关[27]，如果考虑一个

1 cm × 1 cm × 1 cm 大小的传热载体立方微团，当 ΔT 取为 1K，那么“类催化性颗粒”的热浮力驱动力约为 4×10^{-5} N，同等条件下的羽流热浮力驱动力仅为 3×10^{-6} N，故“类催化性颗粒”的热浮力驱动力比传统热载体的热浮力驱动力增强了一个数量级，这足以看出“类催化性颗粒”具有巨大的传热潜力。

2.5　系统热驱动力强度对系统传热特性的影响

本节将对两相“类催化性颗粒”湍流系统在不同热驱动力强度下的传热特性进行定量说明。通过比较系统处于单相和两相状态的传热特性，揭示两相“类催化性颗粒”湍流对传热的影响。

2.5.1　两相“类催化性颗粒”湍流系统的传热特性

为了比较对流系统处于单相（水和 HFE-7000 均处于液体状态）和两相（HFE-7000 发生气-液相变循环）时的热输运效率改变的程度，需要控制下板的过热度 $(T_{\mathrm{b}}-T_{\mathrm{cr}})$ 从小于零（下板温度 T_{b} 小于 HFE-7000 的沸点温度 T_{cr}，对流系统处于单相状态）开始逐渐增加到大于零（$T_{\mathrm{b}}>T_{\mathrm{cr}}$，对流系统内 HFE-7000 发生气-液相变循环，注意并不是在 $T_{\mathrm{b}}=T_{\mathrm{cr}}$ 时系统立即发生沸腾，而是需要有一定的过热度，约 1 K）。

为探究气-液相变循环自身对于系统热输运特性的影响，实验中保持控制参数 Ra 基本不变，对于给定热对流系统即保证上下板温差 ΔT 恒定（实验中工作液体的平均温度变化范围较小，因此认为工作液体的物性基本不变，在实验中 $\Delta T=30\,\mathrm{K}$，$Ra=4.5\times10^{10}$）。

图 2.12 展示的是 Nu 对下板过热度 $(T_{\mathrm{b}}-T_{\mathrm{cr}})$ 的依赖关系。图中灰色区域表示系统处于单相状态的下板过热度范围，实心方框表示单相热输运效率，空心三角表示系统处于两相状态的热输运效率。首先，可以看到单相传热特性随系统过热度的增加基本保持不变，这是因为此时系统的热输运载体主要是传统的冷羽流和热羽流，系统传热特性主要取决于系统热驱动力强度 Ra，但是在本实验中 Ra 基本保持不变，故此时的传热效率也基本保持稳定；当系统的过热度大于零，即 HFE-7000 开始发生气-液相变循环，系统的热输运效率发生显著提升，最高可在 $(T_{\mathrm{b}}-T_{\mathrm{cr}})=10\,\mathrm{K}$

时为单相传热效率的近 5 倍。

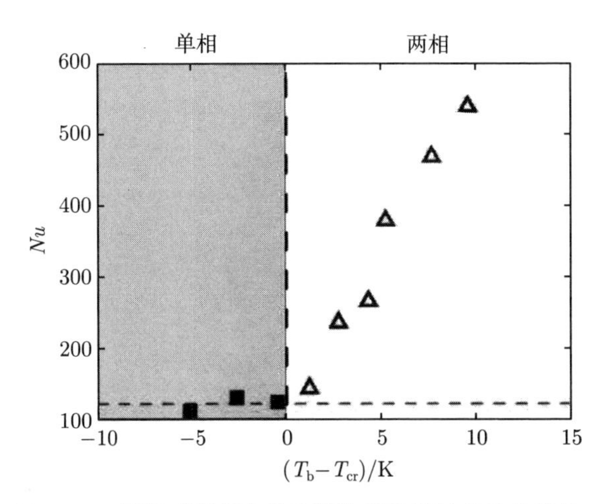

图 2.12　两相“类催化性颗粒”湍流系统的传热特性

2.5.2　三个特征鲜明的区间

为了详细揭示系统内发生的物理过程，本节将展示对流槽内的具体行为。分别在系统过热度小于零（$T_b - T_{cr} < 0\,\text{K}$）、过热度大于零但过热程度中等（$0\ \text{K} < T_b - T_{cr} < 5\,\text{K}$）以及过热程度较大（$T_b - T_{cr} > 5\,\text{K}$）的三个典型情况，观察对流槽内的具体行为。

1. 非沸腾区：单相区间

当 $T_b - T_{cr} < 0\text{K}$，下板过热度小于零时为单相状态，如图 2.13 所示。

此时系统处于单纯依靠羽流驱动的传统热湍流状态。且随着过热度的变化，由于 ΔT 始终保持 30 K，系统的热驱动力强度基本不变（$Ra \approx 4.5 \times 10^{10}$），因此热湍流对系统的热输运贡献也基本保持不变，故系统传热特性不随系统过热度的改变而发生变化，符合图 2.12 所观察到的情况。进一步观察下板处的放大图，发现 HFE-7000 始终处于液态，且呈现液膜状态铺展在下板处。

2. 部分沸腾区

当 $0\text{K} < T_b - T_{cr} < 5\text{K}$，下板温度大于 HFE-7000 液体的沸点，HFE-7000 发生沸腾。如图 2.14 所示，可以看到上升的气泡、下降的液

滴，在下板处的放大图中可以看到不断脱落的两相羽流。

但是在这个阶段，下板处仍有部分 HFE-7000 液体存在，即只有部分 HFE-7000 发生了气-液相变循环、对系统的热输运产生了贡献，因此称此时的系统处于部分沸腾区。

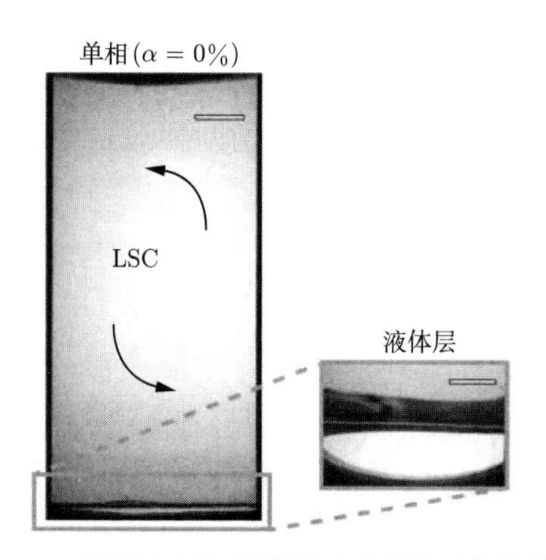

图 2.13　不同过热度对流系统内的行为（单相状态）

注：$T_\mathrm{b} - T_\mathrm{cr} < 0\,\mathrm{K}$，系统处于下板过热度小于零时的单相状态。图中长度比例尺表示 50 mm。

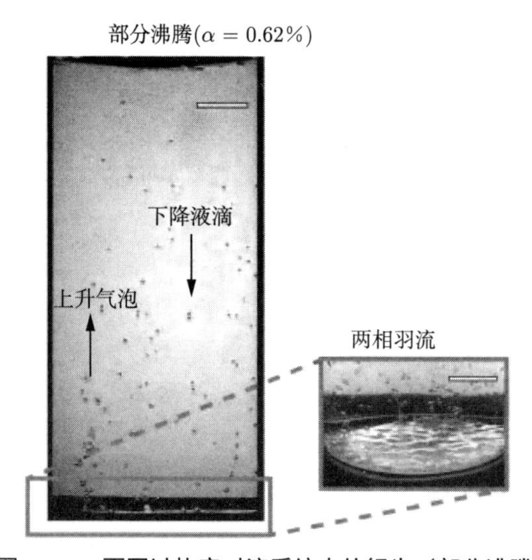

图 2.14　不同过热度对流系统内的行为（部分沸腾）

注：$0\,\mathrm{K} < T_\mathrm{b} - T_\mathrm{cr} < 5\,\mathrm{K}$，系统内只有部分 HFE-7000 发生了气-液相变循环。图中长度比例尺表示 50 mm。

3. 完全沸腾区

当 $T_{\mathrm{b}}-T_{\mathrm{cr}}>5\,\mathrm{K}$，如图 2.15 所示，几乎全部 HFE-7000 液体参与到气-液相变循环过程，流场中的传热载体数量增多。通过观察下板处的放大图，发现此时的下板处不存在 HFE-7000 液膜，这与图 2.13 和图 2.14 所展示的单相区和部分沸腾区差异明显。

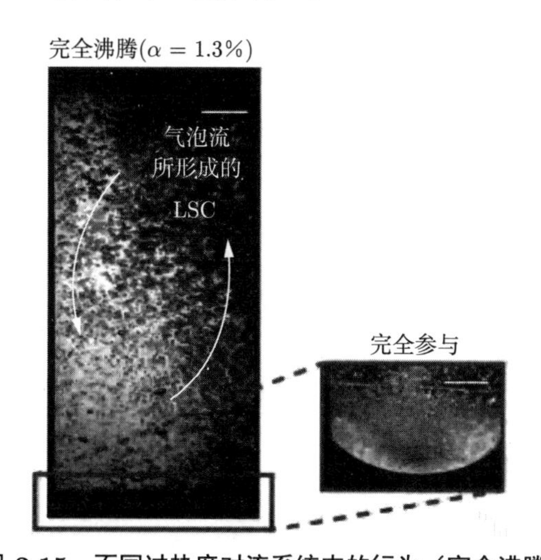

图 2.15 不同过热度对流系统内的行为（完全沸腾）

注：$T_{\mathrm{b}}-T_{\mathrm{cr}}>5\,\mathrm{K}$，几乎全部 HFE-7000 液体参与到气-液相变循环过程。图中长度比例尺表示 50 mm。

从图 2.15 的流场中可以清晰地观察到大部分气泡在对流槽一侧聚集，而大部分液滴在对流槽另一侧聚集，这是因为气泡和液滴被背景流场的大尺度环流运动所携带，形成竖直方向的环流运动，这种运动不断“清扫”下板的表面，使得下板处于“干净”状态。

由于进一步增加系统的过热度会对系统的部分结构（如密封硅胶垫、系统的有机玻璃侧壁等）造成不可逆的损害，为保证实验系统的可持续性，故没有进行更高过热度的实验。后续考虑改进实验装置以进行更宽参数区间的探索。

更进一步地，值得关心的问题是两相“类催化性颗粒”湍流系统内发生了多大程度的气-液相变循环，产生了多少 HFE-7000 蒸气才形成了如此巨大的传热增强。

2.5.3 蒸气体积分数的计算

2.5.1 节已经展示两相“类催化性颗粒”湍流系统的传热特性，接下来将通过计算得到系统内的 HFE-7000 蒸气的体积分数 α。

对于每个下板温度 T_{b}，当对流系统达到最终的稳定状态时扩压容器（expansion vessel，EV）内有一定的水面高度，记为 $h_{\mathrm{EV}}(T_{\mathrm{b}})$，根据该值可以计算出 α。首先对研究的控制系统进行说明（图 2.16）。

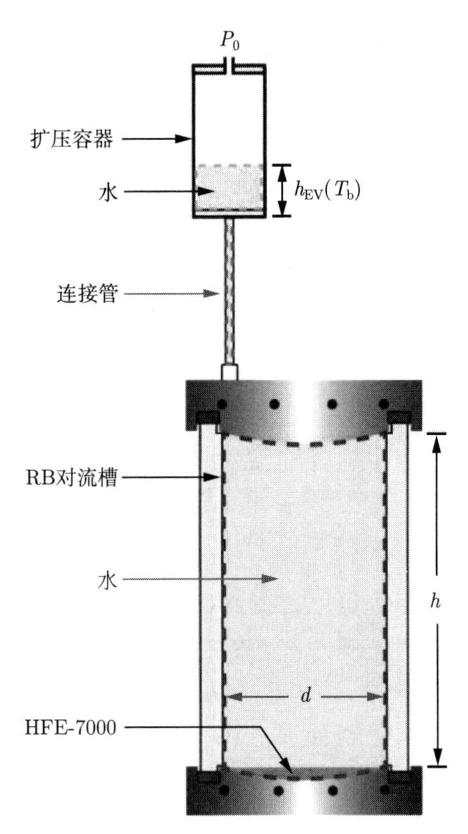

图 2.16　计算 HFE-7000 蒸气体积分数 α 的两相“类催化性颗粒”湍流系统图（前附彩图）

将控制系统定义为图 2.16 中虚线框出的封闭区域，包括 RB 对流槽（蓝色虚线框）、扩压容器（黄色虚线框）及二者之间的连接管（绿色虚线框）。2.3.2节中已经提到为保证本研究的普适性，在实验过程中令扩压容器上端直接和外界大气相通，从而保证对流槽内的压力始终为 P_0。

在实验开始之前，整个实验系统内的液体保持在室温 T_0（室温由空调控制，且在整个实验过程中保持不变），位于扩压容器内的水和连接管内的水和 EV 始终与周围环境处于热平衡状态，即具有恒定的温度 T_0。

当底板温度 $T_b < T_{cr}$ 时，系统处于单相区间，RB 对流槽内的水和 HFE-7000 液体均经历等压热膨胀过程，扩压容器内的液面因此上升；当 $T_b > T_{cr}$ 时，HFE-7000 液体在下板处吸热发生沸腾形成蒸气泡，蒸气泡通过对流主体区一直上升到温度始终低于 T_{cr} 的上板处进行完全凝结形成液滴回落到下板，在这个过程中 HFE-7000 蒸气泡经历了冷凝和等温收缩（蒸气泡运动路径为顺温度梯度方向），HFE-7000 液滴经历了等温膨胀（液滴运动路径为逆温度梯度方向），即 HFE-7000 液体和蒸气泡的温度始终固定在 HFE-7000 的沸点温度 T_{cr}。

RB 对流槽内的水和 HFE-7000 液体、扩压容器内的水及二者连接管中的水的初始总质量记为 m_0。在实验过程中，对流槽中的水和 HFE-7000 液体经历等压热膨胀和相变，这两种过程均会导致系统中质量的重新分布。随着 T_b 的升高，系统经历非沸腾状态和沸腾状态，下面对这两种状态分别进行讨论。在本节内使用的相关参数的符号说明见表 2.2。

表 2.2　计算 α 所使用的参数表

符号	描述
r	圆柱形对流槽有效体积的底面半径，常数
h	工作流体层在与温度梯度方向平行的方向的厚度，常数
r_{EV}	扩压容器的内径，常数
$h_{EV}(t)$	扩压容器内的水面高度，是时间 t 的函数
V_{RB}	RB 对流槽的体积（图 2.16 蓝色虚线框区域），常数
$V_{RB\cdot w}(t)$	在流动和传热演化过程中的 t 时刻，RB 对流槽内的工作液体（水）所占据的体积
$V_{RB\cdot Hl}(t)$	在流动和传热演化过程中的 t 时刻，RB 对流槽内的低沸点液体 HFE-7000 所占据的体积
$V_{RB\cdot Hv(t)}$	在流动和传热演化过程中的 t 时刻，RB 对流槽内的 HFE-7000 蒸气所占据的体积
$\rho_w(T)$	水的密度，在 RB 对流槽内 $T = T_m$，在连接管和扩压容器内 $T = T_0$
ρ_{Hl}	HFE-7000 液体处于沸点温度 T_{cr} 时的密度，常数
ρ_{Hv}	HFE-7000 蒸气处于沸点温度 T_{cr} 时的密度，常数
m_0	控制体（RB 对流槽、连接管和扩压容器内的液体）总质量，常数

续表

符号	描述
$m_{0\cdot\mathrm{H}}$	实验过程中加入 RB 对流槽的 HFE-7000 液体和 HFE-7000 蒸气的总质量，常数
$m_{\mathrm{RB}}(t)$	在流动和传热演化过程中的 t 时刻，RB 对流槽内的液体和蒸气的总质量
$m_{\mathrm{RB\cdot w}}(t)$	在流动和传热演化过程中的 t 时刻，RB 对流槽内的工作液体（水）的质量
$m_{\mathrm{RB\cdot Hl}(t)}$	在流动和传热演化过程中的 t 时刻，RB 对流槽内的 HFE-7000 液体的质量
$m_{\mathrm{RB\cdot Hv}}(t)$	在流动和传热演化过程中的 t 时刻，RB 对流槽内 HFE-7000 蒸气的质量
m_{tube}	连接管内水的质量，常数
$m_{\mathrm{EV}}(t)$	在流动和传热演化过程中的 t 时刻，扩压容器内的水的质量
α	$\alpha = V_{\mathrm{RB\cdot Hv}}/V_{\mathrm{RB}}$，RB 对流槽内 HFE-7000 蒸气的体积分数

1. 系统处于非沸腾状态（$T_{\mathrm{b}} < T_{\mathrm{cr}}$）的 α 计算

在非沸腾状态（$T_{\mathrm{b}} < T_{\mathrm{cr}}$），系统内的工作液体及低沸点液体 HFE-7000 均处于液态，因此系统内只存在等压热膨胀，根据所选取的控制系统内的总质量守恒可得

$$\begin{aligned} m_0 &= m_{\mathrm{RB}}(t) + m_{\mathrm{tube}} + m_{\mathrm{EV}}(t) \\ &= m_{\mathrm{RB\cdot w}}(t) + m_{\mathrm{RB\cdot Hl}}(t) + m_{\mathrm{tube}} + m_{\mathrm{EV}}(t) \\ &= \rho_{\mathrm{w}}(T_{\mathrm{m}})\ V_{\mathrm{RB\cdot w}}(t) + \rho_{\mathrm{Hl}}\ V_{\mathrm{RB\cdot Hl}}(t) + m_{\mathrm{tube}} + \\ &\quad \rho_{\mathrm{w}}(T_0)\ \pi r_{\mathrm{EV}}^2\ h_{\mathrm{EV}}(t) \end{aligned} \tag{2.11}$$

在非沸腾状态下，所有 HFE-7000 均为液态，因此 $V_{\mathrm{RB\cdot Hv}} = 0$，这意味着 $\alpha = 0$，由 HFE-7000 液体在 RB 对流槽内是守恒的，即

$$\begin{aligned} m_{0\cdot\mathrm{H}} &= m_{\mathrm{RB\cdot Hl}}(t) \\ &= \rho_{\mathrm{Hl}}\ V_{\mathrm{RB\cdot Hl}}(t) \end{aligned} \tag{2.12}$$

RB 对流槽的体积恒定，即

$$V_{\mathrm{RB}} = V_{\mathrm{RB\cdot w}}(t) + V_{\mathrm{RB\cdot Hl}}(t) \tag{2.13}$$

2. 系统处于沸腾状态 ($T_{\mathrm{b}} > T_{\mathrm{cr}}$) 的 α 计算

在沸腾状态下（$T_{\mathrm{b}} > T_{\mathrm{cr}}$），系统内发生 HFE-7000 的相变，即同时存在相变和等压热膨胀。HFE-7000 以液相和气相的形式存在，根据控制系统内的总质量守恒可得

$$\begin{aligned}
m_0 &= m_{\mathrm{RB}}(t) + m_{\mathrm{tube}} + m_{\mathrm{EV}}(t) \\
&= m_{\mathrm{RB\cdot w}}(t) + m_{\mathrm{RB\cdot Hl}}(t) + m_{\mathrm{RB\cdot\ Hv}}(t) + m_{\mathrm{tube}} + m_{\mathrm{EV}}(t) \\
&= \rho_{\mathrm{w}}(T_{\mathrm{m}})\ V_{\mathrm{RB\cdot w}}(t) + \rho_{\mathrm{Hl}}\ V_{\mathrm{RB\cdot Hl}}(t) + \rho_{\mathrm{Hv}}\ V_{\mathrm{Hv}}(t) + \\
&\quad m_{\mathrm{tube}} + \rho_{\mathrm{w}}(T_0)\ \pi r_{\mathrm{EV}}^2\ h_{\mathrm{EV}}(t)
\end{aligned} \tag{2.14}$$

根据 HFE-7000 的液相和气相总质量守恒，可以得到

$$\begin{aligned}
m_{0\cdot\mathrm{H}} &= m_{\mathrm{RB\cdot Hl}}(t) + m_{\mathrm{RB\cdot Hv}}(t) \\
&= \rho_{\mathrm{Hl}}\ V_{\mathrm{RB\cdot Hl}}(t) + \rho_{\mathrm{Hv}}\ V_{\mathrm{RB\cdot Hv}}(t)
\end{aligned} \tag{2.15}$$

RB 对流槽的体积恒定，即

$$V_{\mathrm{RB}} = V_{\mathrm{RB\cdot w}}(t) + V_{\mathrm{RB\cdot Hl}}(t) + V_{\mathrm{RB\cdot Hv}}(t) \tag{2.16}$$

联立上述方程，即可得到 α 的一般形式：

$$\begin{aligned}
\alpha &= \frac{V_{\mathrm{RB\cdot Hv}}}{V_{\mathrm{RB0}}} \\
&= \frac{\frac{m_0}{V_{\mathrm{RB}}} + \rho_{\mathrm{w}}(T_{\mathrm{m}})\ \left(\frac{m_{0\cdot\mathrm{H}}}{V_{\mathrm{RB}}\cdot\rho_{\mathrm{Hl}}} - 1\right) - \frac{m_{0\cdot\mathrm{H}}}{V_{\mathrm{RB}}} - \frac{m_{\mathrm{tube}} + \rho_{\mathrm{w}}(T_0)\ \pi r_{\mathrm{EV}}^2\ h_{\mathrm{EV}}(t)}{V_{\mathrm{RB}}}}{\rho_{\mathrm{w}}(T_{\mathrm{m}})\ \left(\frac{\rho_{\mathrm{Hv}}}{\rho_{\mathrm{Hl}}} - 1\right)}
\end{aligned} \tag{2.17}$$

式中：$h_{\mathrm{EV}}(t)$ 只依赖于时间，且当系统达到最终稳定状态时的 T_{b} 可测。

扩压容器上标有刻度，可供读取其内的水面高度 h_{EV}。扩压容器上的最小刻度值为 1 mm，这对应于 0.007%的 α 变化量。对于每一种工况，在系统达到稳定状态后，需每隔 30 min 记录一次扩压容器的液面高

度 h_{EV}，根据每个 h_{EV} 都可以计算相应的 α，α 所有计算值的变化是 α 的 1.3%。取所有计算得到的 α 的平均值作为该工况下的最终数值。

实验稳定状态时系统的 HFE-7000 蒸气体积分数 α 对下板加热温度 T_{b} 的依赖关系如图 2.17 所示。图中的灰色阴影区域表示非沸腾的单相区间，空心圆圈表示对流系统中发生沸腾之后的 α 值的变化。

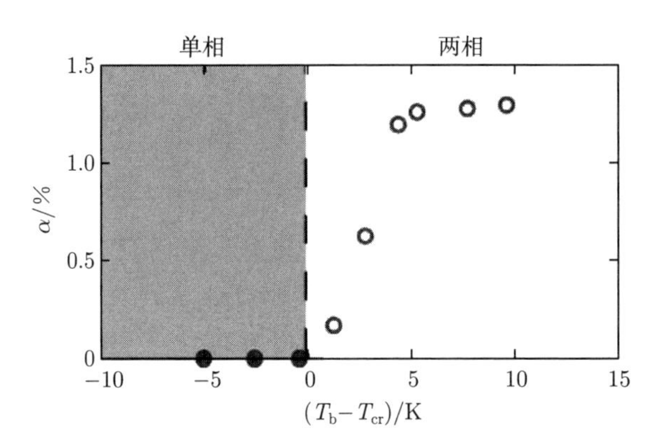

图 2.17 两相“类催化性颗粒”湍流系统内的 HFE-7000 蒸气体积分数 α 对下板过热度 $(T_{\mathrm{b}}-T_{\mathrm{cr}})$ 的依赖关系

从图 2.17 中可以看到，随着下板过热度的增加，α 从非沸腾区的 0% 开始逐渐增加；在部分沸腾区 α 的数值几乎呈现线性增长，这是因为对流系统处于部分沸腾区时，下板处仍有 HFE-7000 液体（详见 2.5.2 节），此时下板过热度的增加势必引起更多的 HFE-7000 液体参与到气-液相变循环之中，故更多的“类催化性颗粒”会对系统的热输运效率做出贡献；当系统的过热度进一步提高，即系统处于完全沸腾区，此时几乎全部 HFE-7000 液体参与到气-液相变循环过程，系统内的传热载体数量明显多于部分沸腾区，气泡流的大尺度环流运动对下板处的“清扫”作用明显，下板处不存在 HFE-7000 液膜，即不存在可用的 HFE-7000 液体在系统过热度增加的情况下形成沸腾（见 2.5.2 节），故系统过热度的变化并不会对 α 的值产生很大影响，α 在较高过热度时呈现出几乎不变的“饱和”状态。

值得注意的是，系统的热输运效率最高可在过热度为 $(T_{\mathrm{b}}-T_{\mathrm{cr}})=10\,\mathrm{K}$ 时达到单相传热效率的近 5 倍，系统内仅存在体积分数为 1.3%的 HFE-7000 蒸气，传热增强的物理机制是什么？2.6 节将围绕这个问题展开详细讨论。

2.6　传热增强的物理机制

本节将详细说明两相“类催化性颗粒”湍流系统传热增强的物理机制。

首先实验测量了系统内气泡群大尺度环流运动的速度，发现与传统的自然对流系统相比，两相“类催化性颗粒”湍流系统的大尺度环流速度有近 13 倍的大幅度提升。

进一步研究发现系统传热增强是由两种机制所控制：一是相变潜热，二是气泡流导致的湍流场掺混效应。

2.6.1　两相“类催化性颗粒”湍流系统气泡群运动速度

两相“类催化性颗粒”湍流系统内本身存在大量的上升气泡、下降液滴等“类催化性颗粒”，传统的粒子图像测速法（particle image velocimetry，PIV）并不适用。所谓 PIV，即向流体系统内加入示踪颗粒，这些示踪颗粒被脉冲激光片光照亮，与脉冲激光同步的高速相机实时拍摄流场，通过相邻两帧图像的互相关分析得到流场的速度场[176]。若使用传统的 PIV，流场内的大量“类催化性颗粒”会对加入流场的示踪颗粒造成干扰，使得测量结果误差较大。因此本研究中的速度测量使用如下方法：以流场的灰度梯度作为“示踪颗粒”，利用高速相机拍摄流场视频，利用 PIV 所使用的互相关算法计算得到系统内气泡群大尺度环流运动的速度 V_c。具体的图像处理方法解释如下。

该实验总体而言是借鉴了 PIV 计算速度场的理念[176-177]来分析计算对流场中气泡群的运动速度。流场中的灰度类似于 PIV 测量中的示踪颗粒的作用。利用 MATLAB 读取高速相机拍摄的流场图片，每一帧图片被分成 32×32 像素的小窗格进行逐一处理。通过扫描每一个小窗格计算相邻两帧之间的互相关系数，从而得到每相邻两帧的位移矢量。对于本研究而言，竖直方向的速度的大小（即与温度梯度平行的方向）与系统的传热特性直接相关，因此只关注竖直方向的速度尺度。通过计算每一个横截面的速度剖面，可以对竖直方向的速度特征尺度进行估计，并将此速度尺度作为特征速度用于计算相关参数值。测得的气泡群速度结果如图 2.18 所示，图中横坐标是控制参数雅各布数 Ja_b。

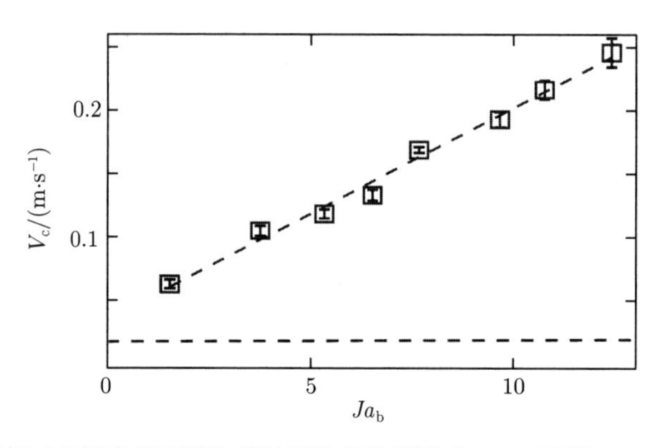

图 2.18　两相“类催化性颗粒”湍流系统气泡群速度 V_c 对下板 Ja_b 的依赖关系

图 2.18 中的虚线表示系统处于非沸腾的单相区间系统气泡群速度，此时的速度 $V_\mathrm{c} \approx 0.02\,\mathrm{m\cdot s^{-1}}$，即与浮力驱动的热对流中修正后的自由落体速度（free fall velocity）尺度相当 ($v_\mathrm{f} = 0.2(\nu/H)\sqrt{Ra\cdot Pr} \approx 0.036\,\mathrm{m\cdot s^{-1}}$ [57])。但是当系统的下板温度高于 HFE-7000 沸点并逐渐增加，V_c 呈现出线性增长的趋势。当系统过热度达到实验研究的参数空间的最大值（即 10 K），发现 V_c 与单相区间相比有约 12.5 倍的提升。

2.6.2　相变潜热对传热增强的贡献

在 2.5.1 节中曾提到，为探究气-液相变循环自身对于系统热输运特性的影响，实验中需保证传统的羽流主导的热湍流对系统的影响保持基本不变，即保持控制热驱动力强度的 Ra 基本不变，对于给定热对流系统即保证上下板温差 ΔT 恒定（$\Delta T = 30\,\mathrm{K}$, $Ra = 4.5\times 10^{10}$）。传统的羽流主导的热湍流对系统传热的贡献即系统处于非沸腾的单相状态时的传热强度，记为 Nu_0，将其表示在传热特性图中如图 2.19 的浅灰色阴影部分所示。那么传热增强量即为 $\Delta Nu = Nu - Nu_0$。

“类催化性颗粒”的集聚行为（collective motion）使两相“类催化性颗粒”湍流系统气泡群速度出现大幅度的提升（见 2.6.1节），根据气泡群的质量通量和热通量，可以计算出相变潜热的贡献：$Q_\mathrm{l} = \dfrac{\pi d^2\rho_\mathrm{v}}{4}\mathcal{L}V_\mathrm{c}\alpha$，式中：$\rho_v$ 是 HFE-7000 的蒸气相密度；$\mathcal{L}$ 为 HFE-7000 的相变潜热。这部分热通量通过归一化（使用与图 2.12 中 Nu 数相同的归一化方式，即 2.3.4 节所描述的方法）可以得到相对应的无量纲热流密度：$Nu_l = Q_l/(k_{\text{eff}}\,\Delta T)$，式中 Nu_l 表示“类催化性颗粒”的相变潜热对传热增强的贡献量，将 Nu_l 表示为图 2.19 的上侧阴影部分。

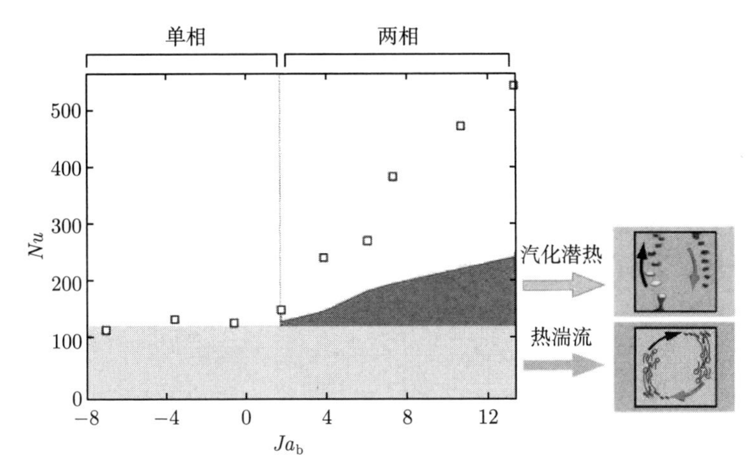

图 2.19　传热特性图：不同因素对传热量的贡献

从图 2.19 中可以看到，“类催化性颗粒”的相变潜热对传热增强的贡献量只占系统总的传热增强的一部分，仍然有额外的传热增强没有得到解释，那么这部分传热增强是由什么原因造成的？

2.6.3　气泡流导致的湍流场的掺混效应对传热增强的贡献

为了解决传热增强问题，需首先观察流场的特征：在流场内存在很多快速运动的“类催化性颗粒”，则“类催化性颗粒”和周围的背景流场内的工作液体之间存在相对运动，这会引起流场的搅动，即增加了流场的掺混。

Alméras 等[178-179] 的研究表明在静止的流体中通入空气泡，空气泡快速运动会导致和背景流场之间存在相对运动，进而导致伪湍流（pseudo turbulence）的产生，所谓伪湍流即快速运动的气泡使背景流场的液体产生剧烈的速度脉动，进而产生类似于湍流的高效的热质输运特性。在两相“类催化性颗粒”湍流系统中也存在气泡的快速运动所导致的流场的掺混效应，这可以通过激光诱导荧光可视化湍流热对流系统流场进行佐证。

1. **激光诱导荧光可视化湍流热对流系统流场掺混特性的实验结果**

图 2.20 展示了激光诱导荧光可视化湍流热对流系统流场掺混特性的实验结果。图 2.20（a）和图 2.20（b）分别表示在传统自然对流系统中及在两相“类催化性颗粒”湍流系统中释放被动标量（罗丹明 B 染料）后流场所形成的掺混特性。

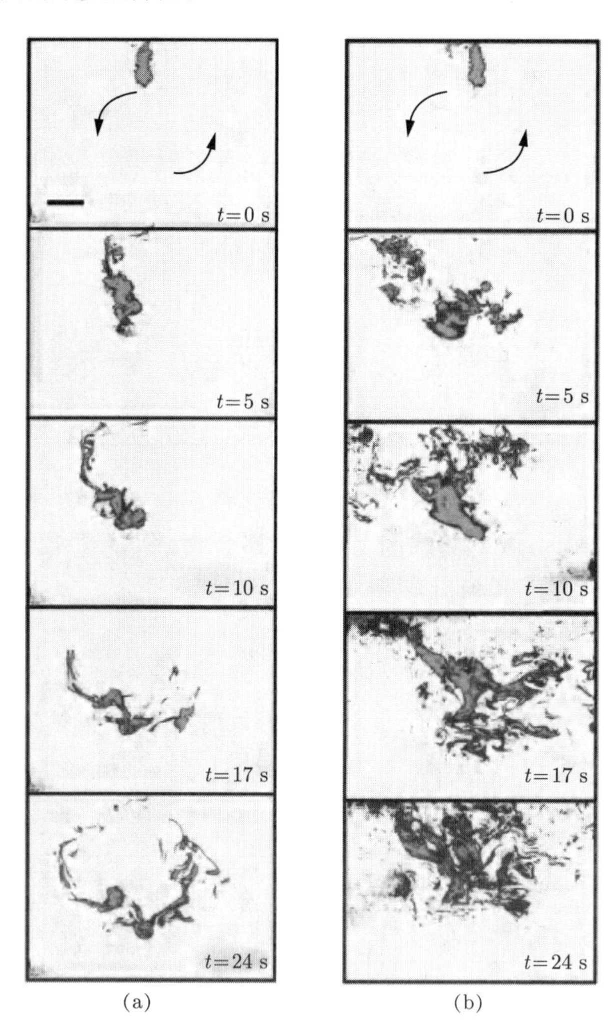

图 **2.20** 基于水的传统自然对流和两相“类催化性颗粒”湍流系统的流场掺混特性

注：图中长度比例尺表示 22 mm。

从图 2.20 中可以看到，在传统热湍流场中被动标量主要沿着大尺度环流散布，而在两相“类催化性颗粒”湍流系统中被动标量的空间分布范围更广。通过对比在相同时刻两个系统中的流场掺混特性，发现两相“类催化性颗粒”湍流系统的掺混过程更加快速和剧烈。由于“类催化性颗粒”自组织的集群运动及尾迹效应，大尺度环流和湍流脉动都被显著增强[178-180]。

2. 湍流场中各种掺混长度尺度的定量化表征

从图 2.20 中可以观察到被动标量的掺混发生在宽范围的长度尺度区间。接下来，将对基于水的传统自然对流和两相“类催化性颗粒”湍流系统流场中的各种掺混长度尺度进行定量化表征。

传统热湍流流场中的被动标量掺混的特征结构尺寸是冷羽流和热羽流及大尺度环流的尺寸；但是在两相“类催化性颗粒”湍流系统中，不仅可以观察到诸如冷羽流和热羽流及大尺度环流、“类催化性颗粒”等大尺度掺混结构，同时也存在小尺度的掺混结构。这些宽范围混合长度尺度的结构均会对系统热输运产生贡献。首先，对基于水的传统自然对流和两相“类催化性颗粒”湍流系统的流场的掺混图像进行采样，采样时间取完成被动标量注射后 15~30 s，然后通过图像处理对掺混图像中不同尺寸的掺混斑块进行识别并统计，从而得到流场中各种掺混长度尺度的分布。图 2.21 展示了流场中各种长度尺度的掺混结构区域的归一化面积 A/A_0 的直方图（histogram）和累积直方图（cumulative histogram），图 2.21（a）表示的是基于水的传统自然对流流场；图 2.21（b）表示两相“类催化性颗粒”湍流系统流场。其中 A 表示流场中不同掺混斑块的面积大小，A_0 表示对流槽竖直截面的面积，即 $A_0 = d \cdot h$。

从图 2.21 中可以看出，与传统自然对流流场相比，两相“类催化性颗粒”湍流系统流场显示出尺度更为丰富的掺混结构，尤其是小尺度掺混斑块的数量是传统自然对流流场中的 8 倍之多，这表明“类催化性颗粒”的气-液相变循环通过使对流系统的掺混结构更为丰富来激发对流系统内更高效率的掺混。

3. 气泡流导致的湍流场的掺混效应对传热增强的贡献

激光诱导荧光可视化湍流热对流系统流场掺混特性结果说明“类催化性颗粒”能增加背景流场的掺混，这种方式类似于在静止流场中快速上升的气泡引起流场的速度脉动增加[181]。接下来，从定量化角度描述“类催化性颗粒”在流场中的掺混效应对系统热输运特性的影响。

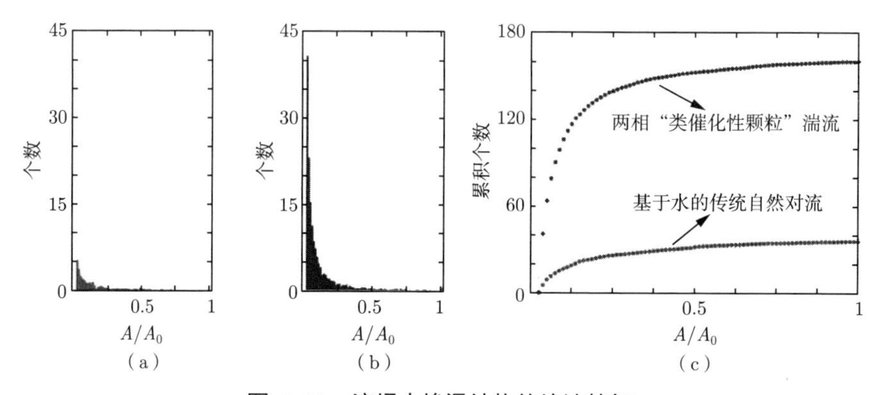

图 2.21　流场中掺混结构的统计特征

(a) 水的传统自然对流流场的直方图；(b) 两相“类催化性颗粒”湍流系统的直方图；(c) 水的传统自然对流流场和两相“类催化性颗粒”湍流系统流场的累积直方图

首先，两相“类催化性颗粒”湍流系统中的浮力驱动力和黏滞力的比满足 $V_{\mathrm{g}}d_{\mathrm{bi}}/\nu \in [990, 1400] \gg 1$，式中 $V_{\mathrm{g}} \sim \sqrt{gd_{\mathrm{bi}}(1-\mathit{\Gamma}_{\mathrm{bi}})}$ 表示两相“类催化性颗粒”湍流系统内的特征浮力速度尺度（d_{bi} 是上升气泡/下降液滴的有效直径，取上升气泡或下降液滴的平均直径；$\mathit{\Gamma}_{\mathrm{bi}}$ 表示上升气泡/下降液滴的有效密度比[182]），因此上升气泡/下降液滴的尾迹区处于湍流状态[183-186]。而且，两相“类催化性颗粒”湍流系统的佩可莱数（Peclet number, Pe）满足 $Pe = V_{\mathrm{g}}d_{\mathrm{bi}}/D_{\mathrm{m}} \sim \mathcal{O}(10^5) \gg 1$, 其中 D_{m} 是分子扩散系数。因此系统内的温度扩散（传热过程）可以看作是被动标量，即经历一个有效扩散过程[178]，其扩散强度可以用一个有效热扩散系数 κ_{e} 表示，此时系统的无量纲热流可表示为 $Nu = \kappa_{\mathrm{e}}/\kappa$。在低 HFE-7000 蒸气体积分数区间（小于 3%）有效热扩散系数满足 $\kappa_{\mathrm{e}} \propto u'\mathit{\Lambda}$，其中：$u'$ 表示液体速度脉动（速度序列的均方根），且满足 $u' \approx V_{\mathrm{c}}\sqrt{\alpha}$；$\mathit{\Lambda}$ 表示流体脉动的积分长度尺度，且 $\mathit{\Lambda}$ 仅为单个蒸气泡的直径 d_{s} 和上升速度 v_{s} 的函数，而 d_{s} 和 v_{s} 基本不变，因此 $\mathit{\Lambda}$ 为常数[73,178,187]。综上所述，若图 2.19 中所示的额外传热增强确实是由气泡流导致的湍流场的掺混效应造成的，那么额外的传热增强量 $(\Delta Nu - Nu_l)$ 应满足 $(\Delta Nu - Nu_l) \propto V_{\mathrm{c}}\sqrt{\alpha}$。将 $V_{\mathrm{c}}\sqrt{\alpha}$ 与 $(\Delta Nu - Nu_l)$ 分别作为横、纵坐标表示在图 2.22 中。

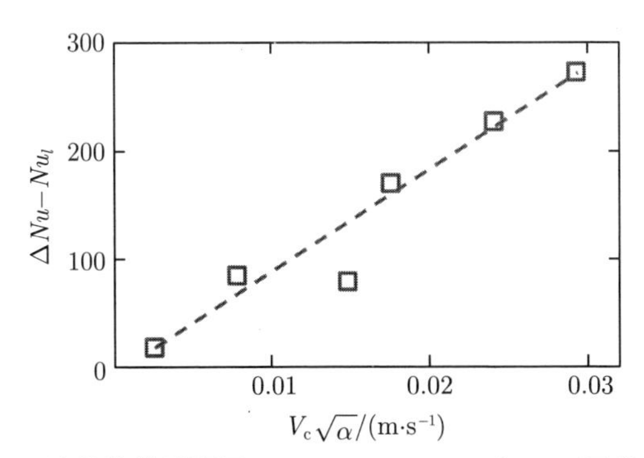

图 2.22　额外的传热增强量 ($\Delta Nu - Nu_l$) 对 $V_c\sqrt{\alpha}$ 的依赖关系

从图 2.22 中可以看到 $(\Delta Nu - Nu_l)$ 随 $V_c\sqrt{\alpha}$ 的线性增长模式，这提供了进一步的证据，即证明气泡流的掺混效应贡献了额外的传热增强。将气泡流的掺混效应对传热的增强效应表示在传热特性图中，如图 2.23 上侧阴影部分所示。

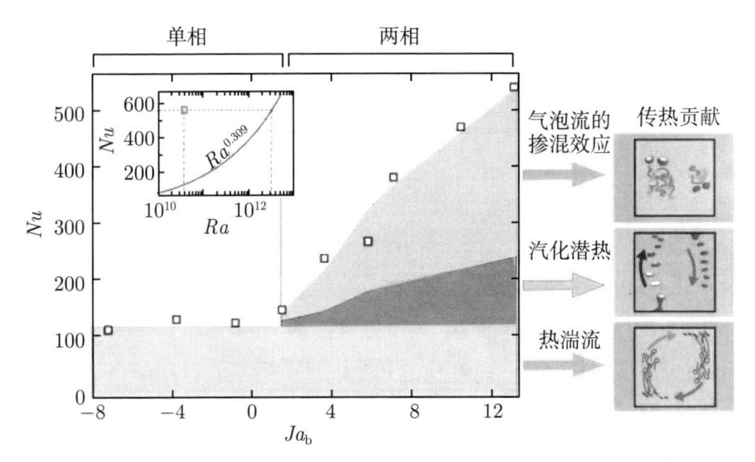

图 2.23　两相“类催化性颗粒”湍流系统传热增强的物理机制

综上所述，两相“类催化性颗粒”湍流系统传热增强的物理机制主要有两个：一是相变潜热的贡献，二是气泡导致湍流场的掺混效应。

最后，将传统自然对流传热特性和两相“类催化性颗粒”湍流系统的传热特性进行对比（见图 2.23）。主要选取实验参数范围中最大传热增强的工况进行对比。为了通过传统的传热载体（羽流）实现两相“类催化性颗粒”湍流系统同等程度的传热增强，需要将有效的 Ra 增加 65 倍，对于给定的对流换热系统而言，相当于将 ΔT 从 30 K 增加到 1950 K，这对于大多数工业应用场景而言是不现实的。而在两相“类催化性颗粒”湍流系统中，只需要引入少量的低沸点液体就可以实现大幅度传热增强，且工作环境温度安全、系统运行可靠，这一传热增强机制给相关工业设计提供了借鉴和理论支持。

2.7 主动调控“类催化性颗粒”的运动：两种运动模式

接下来将简要介绍两相“类催化性颗粒”湍流系统中“类催化性颗粒”的两种运动模式。

通常而言，在工业应用中，需使用机械运动部件实现流体的混合，那么是否可以在不加入任何运动部件（低剪切）的前提下增加流场混合效率呢？

针对上述问题，本书希望通过“类催化性颗粒”主动调控系统内流体的掺混效果，利用“类催化性颗粒”在不同热驱动条件下的不同运动模式实现全局的主动混合控制。

2.7.1 局部掺混：跳跃模式

当系统的过热度较小时（部分沸腾区间），HFE-7000 液体在下板处吸热产生蒸气泡，蒸气泡脱离下板处 HFE-7000 液膜。由于对流主体区的平均温度较低，蒸气泡在上升的过程中快速凝结，其液体比例增大，形成蒸气和液体的混合体，且混合体整体的平均密度在向上运动过程中不断变大；当平均密度大于水的密度时，混合体会向上减速直到上升速度耗尽，之后便反向回落。

为了清晰展示气泡/液滴的运动模式，将气泡/液滴运动周期内的拉格朗日运动轨迹进行叠加，如图 2.24（a）所示。从图中可以看到，蒸气泡并未上升达到上板处，其运动空间范围局限在整个对流槽的下半区域。跟踪其中的一个蒸气泡，给出其运动轨迹如图 2.24（b）所示，可以看到一个蒸气泡完成了上升和下降的全周期运动，因此称此运动模式为“跳跃模式”，该模式可以对对流槽内的液体进行局部掺混。

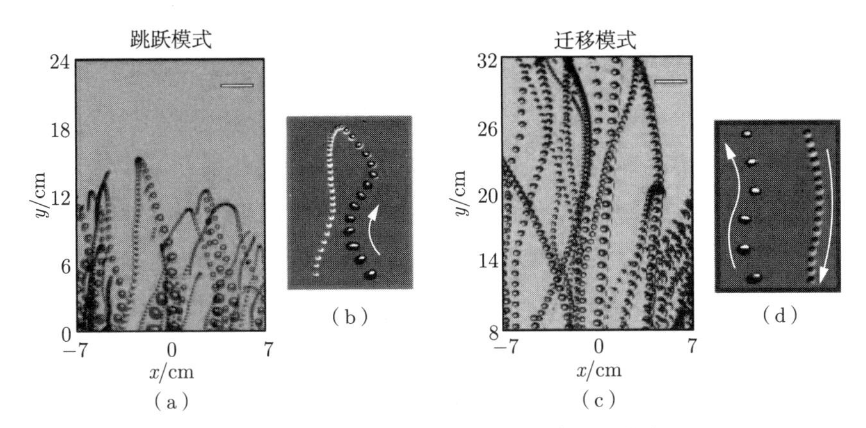

图 2.24　“类催化性颗粒”的两种运动模式

(a) 跳跃模式；(b) 跟踪跳跃模式中的一个蒸气泡所做出的运动轨迹图；(c) 迁移模式；(d) 跟踪迁移模式中的一个蒸气泡所做出的运动轨迹图

注：图中长度比例尺表示 25 mm。

2.7.2　全局掺混：迁移模式

当系统的过热度较高（完全沸腾区间），脱离下板的蒸气泡会一直上升到达上板并完全凝结，凝结形成的 HFE-7000 液体形成液体下降回到下板处再参与新一轮的气-液相变循环。如图 2.24（c）所示，可以看到气泡/液体的运动轨迹贯穿整个对流槽，这也可以通过追踪一个气泡或液滴的轨迹进行佐证（图 2.24（d）)，称此运动模式为“迁移模式”，该模式可以对对流槽内的液体进行全局掺混。

上述两种运动模式中，系统内的流动是高度动态的，但大尺度环流运动和系统的全局响应随着时间的推移是稳定的，即液相和气相的比率在局部发生动态变化，但气-液之间相互转化的速率达到一个动态平衡，也就是说气相和液相在各自的总量上并不存在净变化，因此系统可以保持长时间的安全、稳定运行。

通过控制系统的运行条件，可以实现主动调控“类催化性颗粒”的运动模式，从而实现在不加入任何运动部件的前提下增加流体系统内的掺混，这种控制机理为工业中设计混合器等装备提供了新思路，相关的实际应用和更多控制策略值得未来进一步的探索。

2.8 本章小结

如何极大限度地增强传热效率、突破自然对流固有传热极限一直以来都是难题和挑战。针对这个问题，本章提出“类催化性颗粒”湍流，即在传统的以水为基础的热对流设备中，仅引入少量第二种液体（HFE-7000，具有低沸点、安全无毒、环境友好等特点，按体积计加入约 1%），在适当的工作温度下，低沸点液体发生气-液相变循环即可产生一种高效的两相“类催化性颗粒”湍流机制。本章通过设计精密的实验以及严密的理论分析证明了这一新理念的可行性。在这一新型湍流系统中，“类催化性颗粒”作为除羽流之外的热载体的补充参与气-液相变循环，超越湍流掺混带来的固有限制，形成了极高的相干结构，可以极高效率地传递热量，并且热量传递过程具有自组织、自维持特性。同时这种湍流机制的产生不需要对已有的换热装置进行过多的结构调整，作为工作液体的水（体积分数为 99%），其工作的平均温度范围（20~35℃）远低于其沸点（100℃），可以保证换热系统工作在安全的温度范围。两相“类催化性颗粒”湍流系统在工作液体不发生相变的前提下，对流系统可以享受相变及气泡流的掺混效应等所带来的巨大传热增强，其传热效率可达传统热湍流系统的近 500%。这种新型的可调节、可控制的两相“类催化性颗粒”湍流能够从很小的温度梯度中汲取能量，工作环境安全。

此外，“类催化性颗粒”可以使得工作系统内液体实现局部或全局的快速掺混，这一特性将“类催化性颗粒”湍流机制的应用范围扩展到了无运动元件（低剪切）的混合设备。两相“类催化性颗粒”物质是安全的（不易腐蚀、不易燃、不消耗臭氧层），这一新理念为对流传热效率提升提供了新思路，也为解决生化、核能和工艺工程等领域换热设备如何增强传热效率、节约能源这一长久存在的挑战提供了理论支撑。

第 3 章　不同工况对两相“类催化性颗粒”湍流系统的影响

第 2 章证明了两相“类催化性颗粒”湍流系统增强传热的巨大潜力，在此基础上，本章进一步利用实验的手段拓展了其增强传热的不同应用场景，包括向两相“类催化性颗粒”湍流系统中加入不同体积分数的低沸点液体 HFE-7000、单独改变系统加热或冷却条件等。

为探究不同体积分数的低沸点液体 HFE-7000 对两相“类催化性颗粒”湍流系统的热量输运及系统内湍流结构的影响，在系统内引入一系列不同体积分数 (ϕ) 的低沸点液体 HFE-7000（ϕ 分别为 0.5%，1% 和 4%）。通过观察下板处蒸气泡的形成，揭示了两种蒸气泡的形成模式；通过分别观测系统的传热特性，发现在研究的参数范围内，当系统保持相同的过热度时，低沸点液体体积分数为 4% 时达到最高的传热增强，传热增强约 8 倍；同时研究发现，下板处低沸点液体层的厚度对上板和下板的温度脉动和系统传热特性具有至关重要的影响；当系统过热度升高，可以观察到上板和下板温度脉动的突然增长，这主要是由于受到“类催化性颗粒”的间歇性“淬火”和“加热”的影响。此外，将上板和下板的温度控制进行解耦，即控制一方温度，仅改变另一方的温度（此时系统的上下板温差 ΔT 处于变化的状态），系统仍呈现出不同程度的传热增强特性。通过对系统处于不同工况时的传热行为进行探索，发现两相“类催化性颗粒”湍流系统传热增强具有稳健性，这再一次佐证了“类催化性颗粒”湍流机制在增强传热方面的巨大应用价值。

3.1 研究目的

第 2 章的主要目的是引入两相“类催化性颗粒”湍流的理念，通过设计并进行实验直接证明了两相“类催化性颗粒”湍流系统增强对流传热效率的可行性，并通过分析实验数据结合理论建模揭示传热增强背后的物理机制。

这同时引出另一个重要问题：如果控制系统处于不同工况，系统又会产生怎样的热输运行为？传热增强是否具有稳健性？

针对上述问题，本章将探索不同工况对两相“类催化性颗粒”湍流系统的影响。第 2 章介绍的工况相当于控制上板和下板的加热温差 ΔT 为定值，在本章中设定的不同工况分别为：①加入不同体积分数的低沸点液体 HFE-7000；②解耦上板和下板温度控制：恒定下板（加热）温度改变上板（冷却）温度及恒定上板（冷却）温度改变下板（加热）温度。本章将重点介绍更为复杂的第一种工况：加入不同体积分数的低沸点液体 HFE-7000 对系统传热特性的影响；对第二种和第三种工况中系统的传热特性只做简要讨论。本章中实验所使用的实验平台仍为两相热对流沸腾-凝结实验平台，该实验平台的特征在 2.3节中进行了详细介绍，此处不再赘言。

本章接下来将首先介绍两相“类催化性颗粒”湍流系统中加入不同体积分数的低沸点液体 HFE-7000 液体对系统行为的影响，展示系统内两种蒸气泡形成模式（单气泡模式和两相羽流模式）、加入不同体积分数 HFE-7000 液体的流场特征和热输运效率的变化以及两相“类催化性颗粒”湍流系统的温度脉动特征；然后对另外两个工况（恒定下板温度或恒定上板温度）系统的传热特性进行展示；最后对本章的内容进行总结。

3.2 加入不同体积分数的低沸点 HFE-7000 液体

本节将探讨在传统的自然对流系统中加入不同体积分数的低沸点液体 HFE-7000 对系统传热及温度脉动等行为的影响，在本节的实验中，控制上板和下板的温度差恒定为 $\Delta T = 30\,\mathrm{K}$。

3.2.1　两种蒸气泡形成模式

首先，利用高速相机近距离拍摄下板处蒸气泡形成的过程。系统在不同的热驱动强度下，HFE-7000 蒸气泡的成核呈现出两种不同的模式，即低过热度条件下的单气泡成核模式和高过热度条件下的两相羽流模式。下面对蒸气泡的两种形成模式进行介绍。

1. 单气泡模式

当过热度很小（小于 2 K），此时系统仍处于部分沸腾区间（下板处仍存在 HFE-7000 液体膜），蒸气泡的形成是孤立的，系统处于“单气泡模式”。图 3.1是实验中捕捉到的下板 HFE-7000 液膜处蒸气泡典型的生长和脱离过程图。当下板被加热到超过 HFE-7000 的沸点温度 T_{cr} 时，在下板处的 HFE-7000 液膜与下板上表面相接触的不同成核点均可以不断地产生毫米级的微小蒸气泡流（如图 3.1（a）中虚线圈标注所示，下板的表面并未进行特殊的表面处理，表面处于宏观光滑，表面粗糙度处于机械加工精度，即 1.6~3.2 μm，成核位点在下板表面呈现随机分布），这些毫米级微小气泡从下板表面脱离在 HFE-7000 液体薄膜中快速上升，同时发生碰撞和合并，到达 HFE-7000 液膜和水的交界面之后不断聚集，产生更大的气泡（图 3.1（b））；下板处产生的毫米级微小气泡不断补充至大气泡，大气泡在 HFE-7000 液膜和水膜交界处继续长大并发生局部震荡，在大气泡周围有波纹生成（图 3.1（c）～ 图 3.1（k））；气泡持续长大，直到气泡的颈部变细（图 3.1（l）～ 图 3.1（m））；最后蒸气泡脱离 HFE-7000 液体膜（图 3.1（n）），搅动周围的 HFE-7000 液体和水（图 3.1（o））。脱离 HFE-7000 液体膜的蒸气泡在浮力作用下上升，之后进行如 2.2 节中所描述的气-液相变循环过程。单相气泡模式生成气泡的速率较慢，其生成周期平均为 50 s。

2. 两相羽流模式

当系统过热度较高（过热度大于2 K），下板产生毫米级微小气泡的频率要高得多，此时系统进入两相羽流模式。图 3.2 捕捉到的是下板处两相羽流的产生与脱离过程。毫米级微小气泡形成之后在 HFE-7000 液

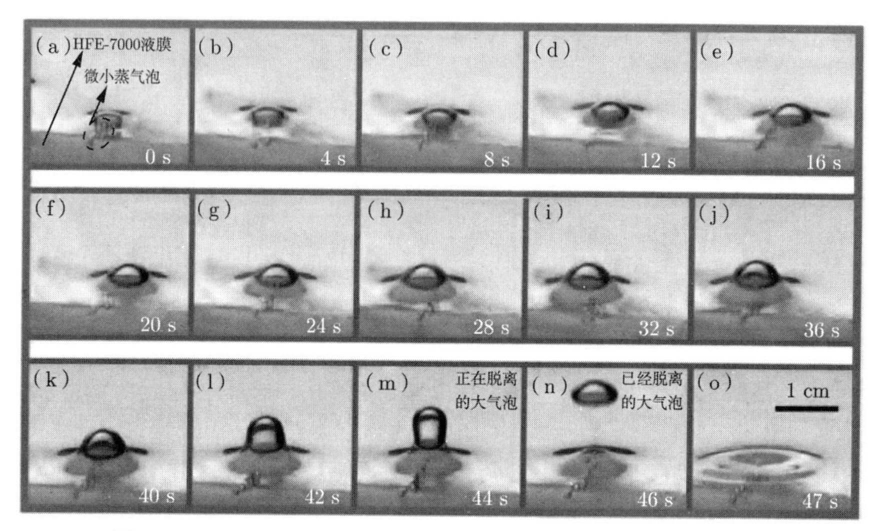

图 **3.1**　下板 **HFE-7000** 液膜处蒸气泡典型的生长和脱离过程

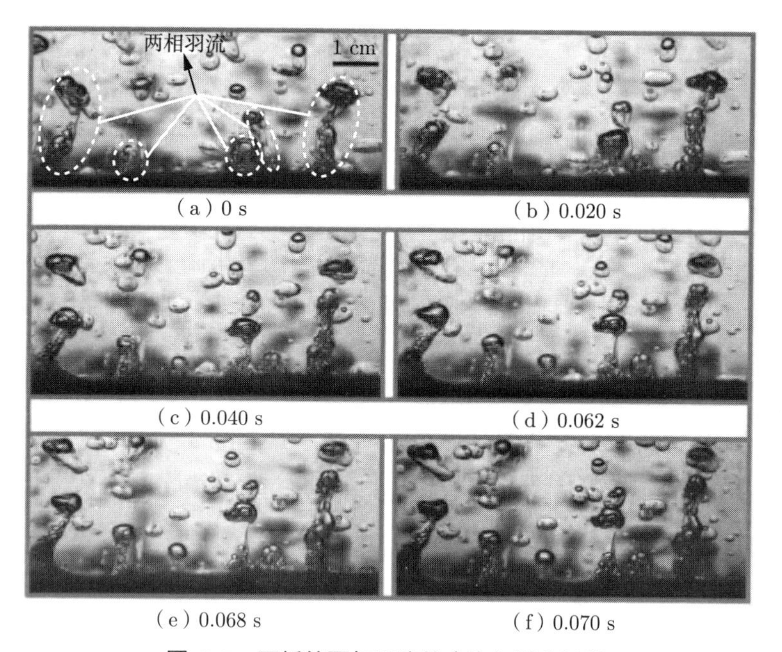

(a) 0 s　(b) 0.020 s

(c) 0.040 s　(d) 0.062 s

(e) 0.068 s　(f) 0.070 s

图 **3.2**　下板处两相羽流的产生与脱离过程

膜表面（此时 HFE-7000 液膜很薄甚至发生不连续间断）聚集成大气泡，大气泡在脱离液膜之前便与相邻的大气泡碰撞并融合，有的甚至形成一个大气泡包含多个较小气泡的结构，这些聚集的大气泡就形成两相羽流。如图 3.2（a）虚线圈标注的两相羽流结构所示，两相羽流呈现出这样一种状态：不断堆积的小气泡形成大气泡的补给通道，大气泡的排出更加快速（平均以 0.1s 为周期）和高效。脱离 HFE-7000 液体膜的两相羽流在浮力作用下上升，之后进行如 2.2 节中所描述的气-液相变循环过程。

综上所述，单气泡模式和两相羽流模式均可以在下板处生成大量的气泡/两相羽流，以确保两相“类催化性颗粒”湍流系统的气-液相变过程、气泡群运动及传热过程以自我维持的方式进行。

3.2.2　加入不同体积分数 HFE-7000 液体的流场特征

HFE-7000 的三种不同初始体积分数 ϕ（$\phi_1 = 0.5\%$，$\phi_2 = 1\%$，$\phi_3 = 4\%$）的典型流场如图 3.3 所示。

当 $T_{\mathrm{b}} < T_{\mathrm{cr}}$，对流槽内呈单相液态，HFE-7000 液膜铺展在下板，此时水层中虽然在上下板温度梯度作用下存在自然对流运动，但是 HFE-7000 液膜并未受到扰动，HFE-7000 和水层的交界面仍然保持平整。加入不同体积分数的 HFE-7000 的对流系统在单相状态时表现相同，图 3.3（a）展示了系统处于单相时的流场和下板处的局部放大图，此时系统的传热主要是由羽流及其所形成的大尺度环流所控制。

相比之下，当 $T_{\mathrm{b}} > T_{\mathrm{cr}}$ 时，系统内存在气-液相变循环，图 3.3（b）～图 3.3（d）展示的是在相同的下板过热度时（系统过热度约为 2.5K）加入不同 ϕ 的流场。

对于 ϕ_1，HFE-7000 液体层位于下板的凹面处，沸腾形成蒸气泡，大多数蒸气泡运动到 HFE-7000 液膜的边缘，游离在 HFE-7000 液体层、水层和下板的三相接触线处，之后蒸气泡脱离液膜，沿着下板的曲面向上移动（图 3.3（b）），最后在浮力作用下上升，系统处于单相气泡产生模式，系统的对流主体区的“类催化性颗粒”数量较少。

对于 ϕ_2，HFE-7000 在下板处形成一层完整的液膜，从下板处的放大图中可以清晰地看到脱落的两相羽流（图 3.3（c）），和图 3.3（b）相比，系统的对流主体区存在数量更多的“类催化性颗粒”，系统处于两相羽流产生模式。

对于 ϕ_3，可以在下板处观察到更多脱落的两相羽流（图 3.3（d）），在三种体积分数的 HFE-7000 工况中，加入 ϕ_3 体积分数的 HFE-7000，系统的对流主体区存在数量最多的“类催化性颗粒”，且从下板处的放大图可以看到，两相羽流存在融合现象，系统处于剧烈的两相羽流产生模式，HFE-7000 受到剧烈的扰动。

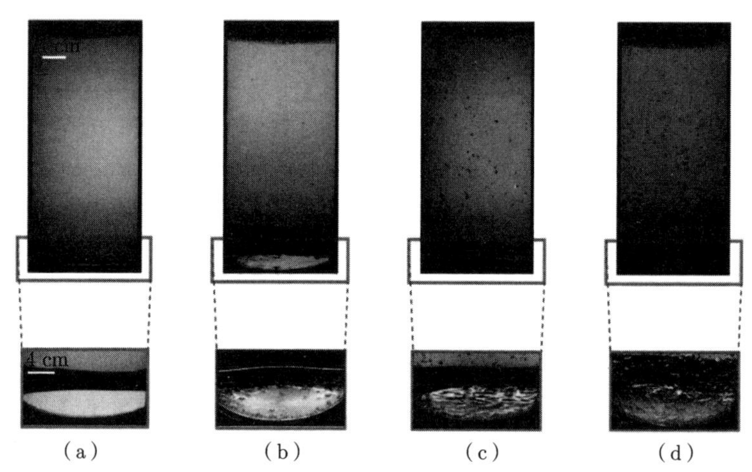

图 3.3 加入不同体积分数 HFE-7000 液体的流场特征

（a）单相；（b）$\phi_1 = 0.5\%$；（c）$\phi_2 = 1\%$；（d）$\phi_3 = 4\%$

3.3 加入不同体积分数 HFE-7000 液体的影响

3.3.1 传热特性

当改变 ϕ 时，随着过热度的增加，系统的热输运特性显著变化。图 3.4 展示了在 ϕ 的三个不同值下，Nu 与过热度（过冷度）的关系。

在单相区，随着 HFE-7000 所加入的体积分数的增加，系统的全局传热效率反而降低，这是因为密度比水大的 HFE-7000 液体比水的导热系数低（见表 2.1 中水和 HFE-7000 液体的物理性质对比），那么在下板处铺展开的 HFE-7000 液体就相当于一层薄薄的“热的不良导体”层。在单相区，系统的热阻相当于在水层的基础上串联了一个较大的热阻，HFE-7000 的热阻效应随着 ϕ 的增加而愈加显著：在 $\phi_1 = 0.5\%$ 时，HFE-7000 液体仅覆盖了下板的一部分（仍有部分下板与水层直接接触）；而在 $\phi_2 = 1\%$ 时，HFE-7000 液体形成完全覆盖下板的一层；在 $\phi_3 = 4\%$ 时，HFE-7000

液体层更深，超出下板凹面的区域上升到侧壁处，因此系统的热输运效率随着加入 HFE-7000 体积分数的增加（在下板处的 HFE-7000 液体层的增厚）而呈现出降低的趋势。

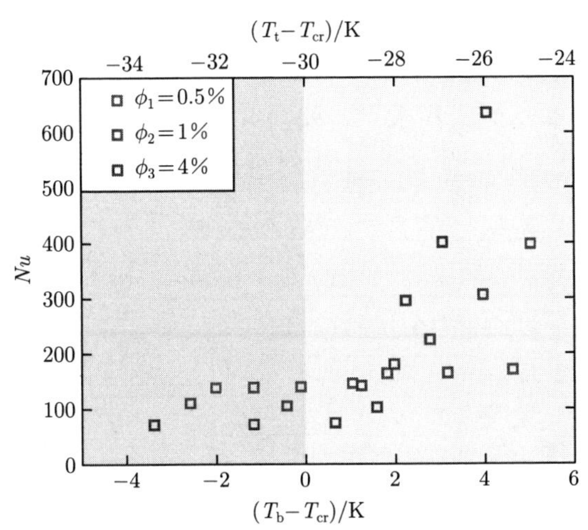

图 3.4　在 ϕ 的三个不同值下 Nu 与过热度（过冷度）的关系（前附彩图）

然而，一旦系统内发生气-液相变循环，传热效率显示出逆转的趋势：对于较高的 ϕ，在相同的过热度（过冷度）条件下呈现出更高的传热效率，且随着系统过热度的增加系统传热增强更加显著（图 3.4 蓝色方框所示）。而当 ϕ 较小时，系统的传热效率与其单相状态相比只呈现出十分有限的传热增强（图 3.4 绿色方框所示），这主要是因为当下板温度高于 T_{cr} 时，HFE-7000 蒸气泡在下板处产生并从下板处脱离，一旦蒸气泡离开下板，周围的 HFE-7000 液体应重新润湿下板，从而以这种方式形成更多蒸气泡。较高的 ϕ 意味着有更多的 HFE-7000 液体可用于润湿下板并产生气-液相变循环，因而系统内的“类催化性颗粒”数量更多，从图 3.3 中也可以看出：ϕ 较小时系统产生蒸气泡的模式更倾向于单气泡模式；而当 ϕ 较大时，系统产生蒸气泡的模式更倾向于两相羽流模式，后者产生气泡的效率明显更高，从而提高传热效率。

3.3.2　传热特性补偿图

图 3.5（a）展示的是归一化的 Nu/Nu_0 随系统过热度的变化。其中，Nu_0 指相对应于各个 ϕ 值的系统处于单相状态的传热值（此系统的

传热仅由羽流及其自组织形成的大尺度环流所控制）。当下板过热度提高到 0 K以上时，系统的传热几乎呈现出随过热度（过冷度）线性增加的趋势。还注意到，对于 $\phi_1 = 0.5\%$ 而言，相比其单相传热状态，系统发生气-液相变循环之后只有约 20% 的传热增强，热输运效率增强趋势随系统过热度（过冷度）的变化并不显著。对于相同的系统过热度，传热增强在 $\phi_3 = 4\%$时达到最高水平，如图 3.5（b）所示。传热增强量 ΔNu（$\Delta Nu = Nu - Nu_0$）在 $\phi_3 = 4\%$ 时可达约 800%。

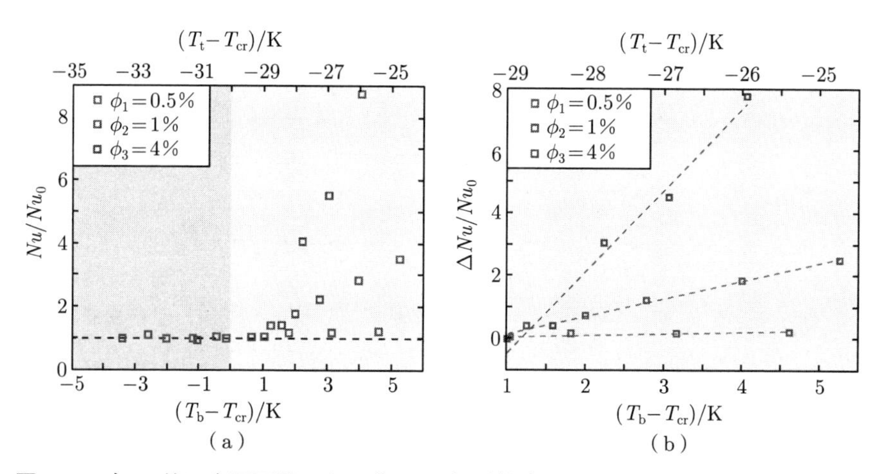

图 3.5　在 ϕ 的三个不同值下归一化 Nu 与过热度（过冷度）的关系（前附彩图）

（a）归一化的 Nu/Nu_0 随系统过热度的变化图；（b）传热增强量 ΔNu 随系统过热度的变化图

3.3.3　蒸气泡体积分数 α

图 3.6 展示了 HFE-7000 蒸气泡体积分数 α 随过热度增加的变化情况。α 的计算方法已经在 2.5.3 节中进行了详细介绍，此处不再赘言。

α 的变化趋势与系统热输运效率结果类似。在 $T_b > T_{cr}$ 区间，蒸气体积分数随过热度（过冷度）的增加而单调增加，在研究的参数范围内，当系统加入 ϕ_1 的 HFE-7000 液体，α 更快地达到饱和状态（随着系统过热度的增加，α 基本不变）；而在系统加入 ϕ_2 和 ϕ_3 HFE-7000 液体的情况，系统的 α 仍呈现出增长的趋势。这主要是因为加入 ϕ_1 HFE-7000 液体的系统内用于气-液相变循环产生“类催化性颗粒”的可用 HFE-7000 液体量较少。

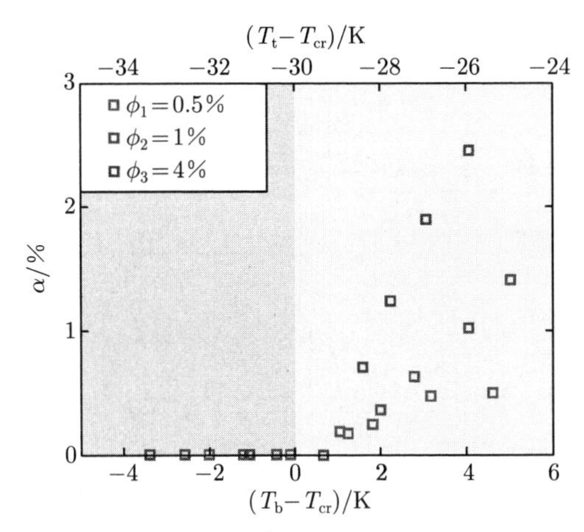

图 3.6　HFE-7000 蒸气泡体积分数 α 随过热度增加的变化情况（前附彩图）

系统内的最大 α 分别为 ϕ_1 时的约 0.5%，ϕ_2 时的 1.2% 和 ϕ_3 时的 2.4%。结合图 3.5 (b)，即系统仅通过很少量体积分数的 HFE-7000 蒸气泡（$\alpha \sim \mathcal{O}(1)$）即可达到剧烈的传热增强。

3.4　两相“类催化性颗粒”湍流系统的温度脉动

接下来详细分析两相“类催化性颗粒”湍流系统上板和下板的温度脉动 σ。

图 3.7 显示了上板温度的标准差。如 2.3.5 节所述，在实验过程中，上板通过恒温冷却水浴保持在恒定温度，这也可以通过上板的温度标准差处于较低水平进行佐证。

下板温度呈现较高水平的脉动（图 3.8）。对于 $\phi_1 = 0.5\%$ 而言，当系统处于单相状态时，下板温度的标准差 σ 高于 $\phi_2 = 1\%$ 和 $\phi_3 = 4\%$ 的情形。主要原因是当 $\phi_1 = 0.5\%$ 时，HFE-7000 液体层仅占据下板的一部分（如图 3.3 (b) 的下板局部放大图所示），这意味着下板的边缘部分仍然与水接触，并且存在三相接触线（水、HFE-7000 液体、下板），水和 HFE-7000 的导热系数不同，导致下板温度不均匀。对于 ϕ_2 和 ϕ_3 的情况，系统处于单相区间的下板温度标准差与上板的水平相当。

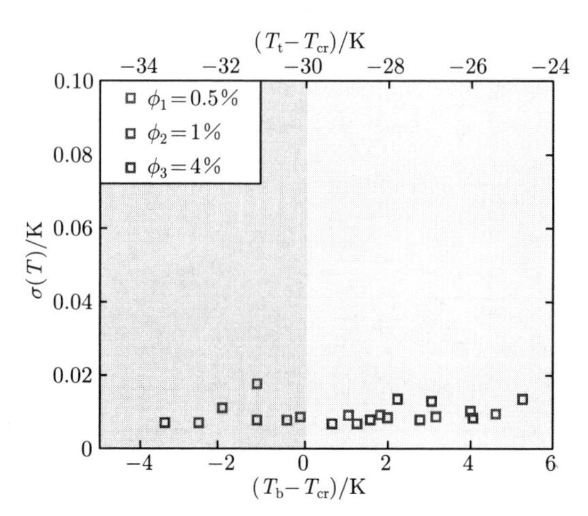

图 3.7 两相“类催化性颗粒”湍流系统上板温度的标准差 σ（前附彩图）

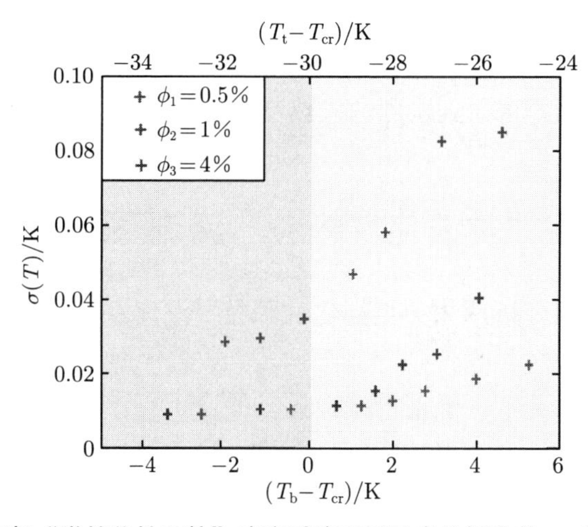

图 3.8 两相“类催化性颗粒”湍流系统下板温度的标准差 σ（前附彩图）

当系统处于存在气-液相变循环的两相状态，加入三种不同体积分数 ϕ 后系统的下板温度标准差均显示出不同程度的增加。脉动的突然升高是由沸腾-冷凝过程气-液相变循环引起的，这会导致下板的不同位点的突然“淬火”（HFE-7000 液体吸收热量发生沸腾）和“加热”效应（HFE-7000 液体不断补充脱离蒸气泡之后的成核点位置），以及剧烈的两相羽流的产生和脱离，这也可以通过单相和两相区上板和下板温度与其相应的平均温度的温度偏差信号的比较来证明，如图 3.9 所示（数据来自加入体积分

数为 ϕ_2 HFE-7000、过热度为3 K时的情况）。图 3.9（a）展示的是系统处于单相状态时上板和下板的温度 T 偏离相应的平均温度 $\overline{T}$ 的温度偏差 $(T-\overline{T})$ 的时间序列，从图中可以看到两个温度信号的变化都被限制在一个较小幅度：下板不超过 0.05 K，而上板甚至更低（小于 0.025 K）。然而在两相区间，上板和下板的脉动幅度都更大（图 3.9（b））。

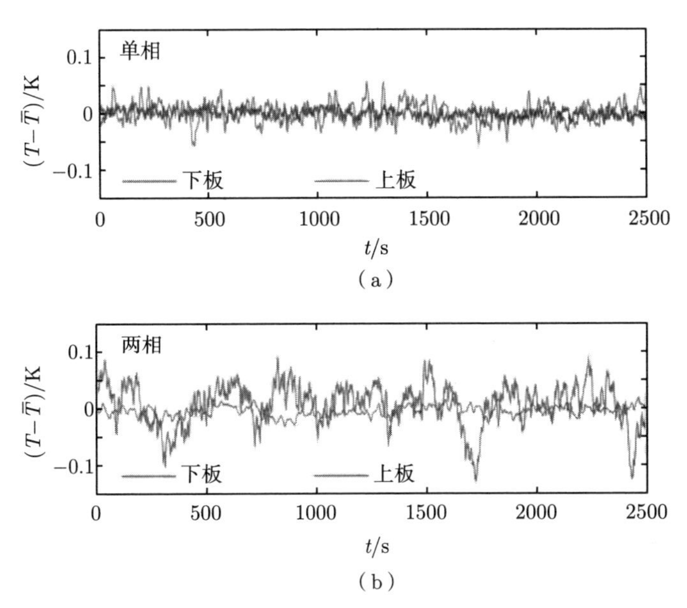

图 3.9　上板和下板在单相状态和两相状态的温度信号比较（前附彩图）

（a）单相状态时上板和下板的温度 T 偏离相应的平均温度 $\overline{T}$ 的温度偏差 $(T-\overline{T})$ 的时间序列；（b）两相状态时上板和下板的温度 T 偏离相应的平均温度 $\overline{T}$ 的温度偏差 $(T-\overline{T})$ 的时间序列

从图 3.8 中还可以看到，下板较高的温度标准差 σ 所对应的“淬火”和“加热”效应对于 ϕ_1 的情况尤为明显，这是因为从上板处凝结而下降的液滴在到达下板时接触很薄的 HFE-7000 液体层或者直接接触下板（而不是 ϕ_2 或 ϕ_3 的情况中厚厚的 HFE-7000 液层），因此可以很快地发生沸腾。所以，ϕ_1 的情况温度标准差的增加幅度最大。

ϕ_2 和 ϕ_3 的情况中下板处均完全覆盖有一层 HFE-7000 液体。但是 ϕ_3 的情况中，两相区间下板的温度脉动标准差 σ 在三种体积分数的 HFE-7000 情况中处于中等强度水平，ϕ_2 的情况则呈现出最低水平的温度脉动，这主要是因为向系统内加入体积分数为 ϕ_3 的 HFE-7000 液体，在相同的下板过热度时，系统下板处产生的蒸气泡更多，因而下板处的“淬火”和“加热”效应会更加显著。

3.5 上板温度和下板温度控制解耦

通过恒定 ΔT 的实验，以及改变系统内加入 HFE-7000 液体的体积分数 ϕ 的实验可以看出，两相“类催化性颗粒”湍流系统显示出巨大的传热增强的潜力。进一步地，当上板温度和下板温度控制解耦，即在上板和下板之间的温差 ΔT 改变的情况下，系统的传热特性会有什么变化？据此，实验中设计了两类工况：第一种是恒定下板（加热）温度改变上板（冷却）温度，即控制参数 Ja_b 恒定，改变 Ja_t；第二种是恒定上板（冷却）温度改变下板（加热）温度，即控制参数 Ja_t 恒定，改变 Ja_b（其中，Ja_b 和 Ja_t 的具体定义见 2.3.4 节）。为控制实验变量，在实验中保持加入系统的 HFE-7000 体积分数为 $\phi = 1\%$。

3.5.1 恒定下板（加热）温度改变上板（冷却）温度

控制下板温度为 $T_\mathrm{b} = 46.7$℃（此时 $Ja_\mathrm{b} = 7.91$）并保持恒定，改变上板温度 T_t（即 Ja_t）。如图 3.10 所示，在上板和下板温度独立变化的情况下，仍可以观察近似线性变化的系统热输运特性。随着 T_t 的增加，冷凝的驱动力减少，而对流主体区的平均温度 T_m 增加（$T_\mathrm{m} = (T_\mathrm{t} + T_\mathrm{b})/2$[27]），从图中可以观察到 Nu 随着 Ja_t 的增加而增加，在研究的参数范围内，其两相传热效率最高可以比单相状态的传热效率增强超 500%（图 3.10（b））。

在实验过程中，HFE-7000 蒸气泡的体积分数 α 几乎保持不变（图 3.10（c）），与图 2.17 中所展示的最高的 α 数值相当，这意味着几乎所有的 HFE-7000 液体都参与了对流系统的气-液相变循环过程。

3.5.2 恒定上板（冷却）温度改变下板（加热）温度

控制上板温度为 $T_\mathrm{t} = 13.2$℃（此时 $Ja_\mathrm{t} = -38.62$）并保持恒定，改变下板温度 T_b（即 Ja_b），对流系统的传热特性如图 3.11 所示。

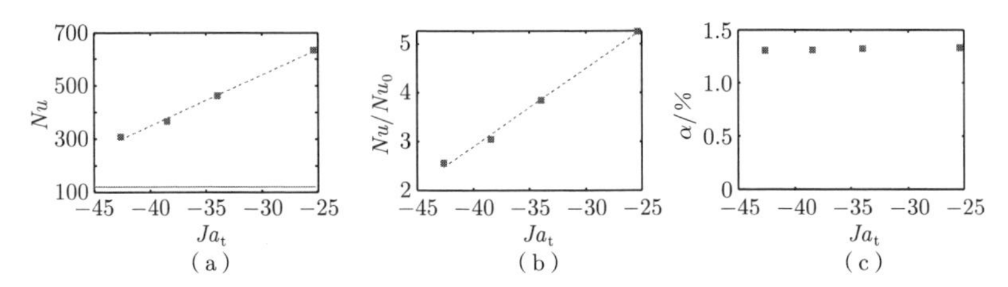

图 3.10 恒定下板（加热）温度改变上板（冷却）温度的系统传热特性图

（a）系统无量纲热流密度 Nu 随 Ja_t 的变化；（b）归一化的 Nu/Nu_0 随 Ja_t 的变化；

（c）HFE-7000 蒸气体积分数 α 对 Ja_t 的依赖关系

注：在图（a）中实线表示系统处于单相状态时的传热效率 Nu_0 的数值大小，符号表示实验测得的 Nu，虚线是线性拟合线；在图（c）中仅展示系统处于两相区间时的 α（因为单相区间时 $\alpha \equiv 0$）；实验条件为：上板温度 $T_b = 46.7$℃，此时 $Ja_b = 7.91$，改变 Ja_t。

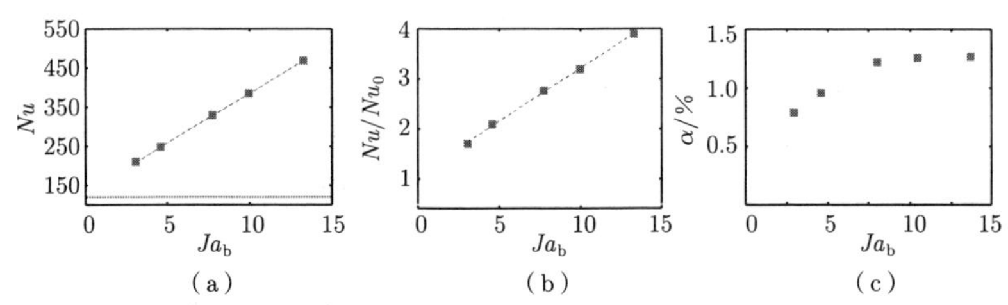

图 3.11 恒定上板（冷却）温度改变下板（加热）温度的系统传热特性图

（a）系统无量纲热流密度 Nu 随 Ja_b 的变化；（b）归一化的 Nu/Nu_0 随 Ja_b 的变化；

（c）HFE-7000 蒸气体积分数 α 对 Ja_b 的依赖关系

注：图（a）中实线表示系统处于单相状态时的传热效率 Nu_0 的数值大小，符号表示实验测得的 Nu，虚线是线性拟合线；在图（c）中仅展示系统处于两相区间时的 α（因为单相区间时 $\alpha \equiv 0$）；实验条件为：上板温度 $T_t = 13.2$℃，此时 $Ja_t = -38.62$，改变 Ja_b。

随着 T_b 的增加，HFE-7000 液体发生沸腾的驱动力增加，对流主体区的平均温度也在增加，从图中可以观察到 Nu 随着 Ja_b 的增加而增加，在研究的参数范围内，其两相传热效率最高可以比单相状态的传热效率增强近 400%（图 3.11（b））。在实验过程中，HFE-7000 蒸气泡的体积分数 α 先随 Ja_b 的增加而变大，然后达到数值基本稳定的状态，这意味着随着 T_b 的增加，系统将从部分沸腾变为完全沸腾。

3.6 本章小结

本章主要通过实验探究了不同工况对两相“类催化性颗粒”湍流系统的影响，设定的不同工况分别为：加入不同体积分数的低沸点液体 HFE-

7000（实验探究的低沸点液体的体积分数分别为 0.5%，1%和 4%），以及将上板和下板的温度变化进行解耦（上板或下板的温度单独发生变化，即实验的 ΔT 在发生变化），研究发现以下结论。

（1）对于三种体积分数的 HFE-7000，系统的单相和两相状态呈现出不同的传热特性：两相区间时，在很少的 HFE-7000 蒸气体积分数作用下，系统的热输运效率呈现出随过热度增加而线性增加的趋势。

（2）当下板处于相同过热度时，在实验研究的参数范围内，系统的传热在加入体积分数 $\phi = 4\%$ 的 HFE-7000 时增强最强，与单相传热相比最高可达约 800%。

（3）与系统处于单相时相比，向系统加入不同的体积分数 ϕ 的 HFE-7000 液体，系统的上板和下板的温度显示出不同程度的脉动特征。下板处低沸点液体层的厚度对上板和下板的温度脉动和系统传热特性具有至关重要的影响，当系统过热度升高，可以观察到上板和下板温度脉动的突然增长，这主要是因为沸腾-冷凝过程气-液相变循环引起下板的不同位点间歇性的“淬火”（HFE-7000 液体吸收热量发生沸腾）和“加热”效应（HFE-7000 液体不断补充成核点位置），以及剧烈的两相羽流的产生和脱离。

（4）在实验研究的工况（改变加入系统的 HFE-7000 液体体积分数、将上板和下板的温度控制进行解耦）中，系统均呈现传热增强的特征，只是传热增强的程度随工况的不同略有差异，这说明两相“类催化性颗粒”湍流系统对传热增强的稳健性。

在第 2 章引入两相“类催化性颗粒”湍流理念，通过实验直接证明其增强传热的可行性及通过理论建模揭示传热增强的物理机制的基础上，本章对两相“类催化性颗粒”湍流系统增强传热的作用区间进行拓展，可以将其应用扩展到加入不同体积分数低沸点液体、恒定冷源温度及恒定热源温度的场景，并提供了调节两相“类催化性颗粒”湍流系统传热增强程度的不同方式。本章的研究证明了两相“类催化性颗粒”湍流系统对传热增强的稳健性，可以为高效传热/混合设备提供新的设计思路。

第 4 章　自然对流与结冰过程耦合的动力学和流动结构

本章主要讨论自然对流与移动气-固相变界面演化的耦合动力学和流动结构，通过实验、直接数值模拟和理论建模相结合的手段，并合理考虑水的密度反转特性及其所导致的热稳定分层和不稳定分层共存现象。本章揭示当涉及结冰问题时，水的密度反转特性有可能对系统行为产生巨大影响，因此需要合理考虑并评估其影响，以对系统的行为有一个全局的、较为准确的把握。同时，本章发现在不同热驱动力条件下，系统存在四种流动区间，并揭示每个区间所对应的不同热分层特性。最后，本章发现系统的全局响应仍具有可预测性，即通过建立理论模型可定量捕捉到系统冰层厚度和结冰时间尺度。

4.1　研 究 目 的

自然对流的复杂流动过程和水体中的凝固或融化等相变过程结合，对塑造地球景观方面（如地貌、地形等）具有十分重要的推动作用，常见的如冬季里冻湖的形成、海洋或极地环境中的冰川、冰山的形成及演化等。准确量化水体环境与冰的相变过程的动态相互作用，以及正确预测冰演化的动力学特性有助于深入理解海洋、地球物理等系统中的相变与湍流的耦合效应。

对冰生长的时间尺度的合理预测可以提供气候变化的自然指标。一方面，这个时间尺度与许多涉及水相变的系统有关。纵观历史，湖泊温度和冰形成的信息都有详细记录。以位于中欧的康斯坦斯湖（Lake Constance）为例，从 9 世纪到 20 世纪，康斯坦斯湖均有其冰盖记录。通过估算数据，特别是对冰形成和融化的时间数据的分析，可以提供气候变化的自然指标。目前，受全球气候变化的影响，与以往相比，湖冰形成的时间提前，而湖冰消融的时间推迟[188-191]。另一方面，湖泊表面的冰盖通常在影响湖表面的有效反射方面起着重要作用。冰本身呈白色，而湖泊呈蓝色，冰盖厚度的变化也会改变湖泊的颜色，入射到湖面的太阳热辐射被湖面反射和吸收的行为会因湖泊的颜色变化而发生变化，从而影响湖泊内的温度分布。因此，合理预测结冰过程对于估算冻湖的存在时间具有重要意义，进而对预测天气和气候至关重要。

已有的研究揭示了结冰过程的复杂性，但往往忽略了水最值得注意的特殊性之一，即密度反转特性及在存在湍流的情况下相变和湍流之间的复杂耦合效应和热分层效应；这种水的密度对温度的非线性依赖特性会导致稳定分层和不稳定分层共存。

水的密度反转温度 T_c 为 4℃，水对温度的非线性依赖关系主要体现在：当水温度低于 T_c 时，水开始膨胀，密度降低，因此接近水的固-液相变温度 T_ϕ 时（$T_\phi = 0$℃），较冷的水（低于 T_c）浮到顶部，较暖的水（高于 T_c）下沉；最终，在寒冷的天气条件下，漂浮到湖面的最冷的水（接近 0℃）凝固而在湖面形成一层冰。冰的密度低于水，因此冰层继续漂浮在湖面上，它自然地在冰下较温暖的水和冰上较冷的空气之间起到屏障和隔热层的作用。由于水的密度反转特性，水层中存在热分层，导致水层形成不同的物理特性和化学特性。例如，上层的溶解氧浓度、pH 值和水生生物种类等方面可能与下层存在很大不同。

对流不稳定层和稳定层之间的相互作用也与许多地球物理、海洋学和天体物理中的自然现象有关：在太阳中，对流只发生在相对较冷的外壳中，并与下面的流体稳定区域耦合[192]；在地球上，由于地表的加热效应，地面附近出现温度较高的低密度区，从而形成不稳定分层，这层邻近地面的不稳定层从下方取代夜间逆温效应，地面附近最初稳定的环境明显受到对流的影响，对流不稳定区和稳定区之间发生充分的相互作用[141]；在大西洋等海洋中，深海的三个主要水层共存：南极底层水、北大西洋深水和南极中层水。盐度场具有复杂的层状结构，盐度最大值出现在中部，盐度最小值出现在底部附近下方和上方，深度约 1000 m。盐度场具有异常分布特征，导致密度异常[193]。

在真实的自然情况下（如由冰盖覆盖的浅湖泊），水的温度包括其密度反转的温度，其温度结构特征是：在冰水界面处，温度从 0℃ 持续升高，在湖深部的底层，温度达到 4℃ 或更高[194-196]。这种密度反转特性导致稳定分层（低于 4℃）下方的一层受到对流不稳定性的影响（高于4℃ 的水）。相邻的稳定层的存在将有可能显著影响对流层的动力学特性，这种现象存在于常见的穿透对流（penetrative convection）中，Townsend[136] 首次通过稳定性分析从理论上对穿透对流进行研究。当存在强密度分层时，湍流的掺混效应趋于被抑制的状态[197]，当温度超过 4℃ 时，流体内部对流流动发展，这对湖泊中的流体动力学特性非常重要[197-198]。因此，有必要考虑水的密度反转特性。

值得注意的是，密度反转引起的热分层效应不仅存在于淡水环境中，在其他情况下也可以观察到。例如，在大气中，由于液态水蒸发冷却而在云上层的混合层顶部形成稳定分层，这种现象被称为浮力反转效应[199-200]。又如玻璃熔融状态所形成的液体（熔化的 BeF_2[201]）；丙二醇（PG）和水的混合物（用作多孔介质中气体溶解物[202]）等流体环境中均存在密度反转特性。水作为具有密度异常特征的最简单液体，理解其稳定和不稳定分层之间相互作用的基本物理机制非常重要，并且易于扩展到具有类似密度反转特性的其他更复杂液体的情况。

综上所述，本章的研究是从复杂的自然现象中抽象出来，首先研究问题的基本核心（而不是试图捕捉所有方面的影响），这是进一步了解复杂自然现象的基础，因此本章主要关注的是淡水结冰和湍流流动耦合，并合理考虑了水密度反转特性。不同程度的热分层作用、湍流热对流和固-液相变三者相互耦合给移动固-液相变界面的演化和流场中流动结构等问题的研究带来巨大的挑战，这也是本章关注的重要问题。

4.2　研究方法

本节主要介绍研究自然对流与结冰过程耦合的动力学和流动结构所采用的方法，即实验、直接数值模拟和理论建模相结合的方法。

4.2.1 实验方法：两相热对流结冰-融冰实验平台

自然对流与结冰过程耦合的动力学和流动结构的实验研究主要在两相热对流结冰-融冰实验平台上完成，该实验平台主要包括长方形两相热对流结冰-融冰对流槽、扩压容器、工作液体、恒温循环水浴装置、温度控制系统、温度测量和采集系统及各个部分之间的连接管道等部分。其中，扩压容器及温度测量和采集系统和第 2 章所介绍的两相热对流沸腾-凝结实验平台中的相应部分相同，此处不再赘言；实验装置的其他部分和第 2 章的相应部分有相似之处，故此处只阐述有差异的设计。

1. 长方形两相热对流结冰-融冰对流槽

长方形两相热对流结冰-融冰对流槽主要包括上板、侧壁和下板三个部分，其有效体积为一个宽 l_x 为 240 mm、长 l_y 为 60 mm 和高 h 为 240 mm 的长方体。该对流槽为准二维系统，宽高比为 $\Gamma = l_x/h = 1$，另有附属系统如扩压容器、上板和下板的恒温冷却水浴等，两相热对流结冰-融冰实验平台整体构型如图 4.1（a）所示。接下来将介绍各个部分的详细信息。

上板和下板均由镀镍的紫铜制作而成（选择镀镍紫铜的原因在 2.3.1 节中已进行过介绍）。上板和下板的结构相同，接下来将以上板为例对其结构进行说明。上板分为可拆卸的上、下两层，两层之间通过螺栓连接，与工作液体直接接触的一层包括冷却腔室的部分（循环冷却浴液的流动通道），另一层是光滑的平板，两层之间夹有一层硅胶密封垫圈，防止循环冷却浴液的泄漏。

上板和下板均采用恒温冷却循环（PolyScience PP15R-40）对其温度进行控制，恒温冷却循环中所采用的浴液是甘油（丙三醇）和水的混合溶液，其质量混合比例为甘油和水为 2:1，混合液的凝固点可达−46.5℃。对上板和下板各使用 6 个负温度系数测温热敏电阻温度计（Omega 44131）进行测温（温度计的放置位置如图 4.1（a）中上板和下板处的黑色圆点所示）。

2. 温度控制

结冰-融冰对流槽的温度控制主要是通过 PID 控制系统来实现的。PID 控制系统的工作原理如图 4.1（b）所示，和 2.3.5 节所描述的不同

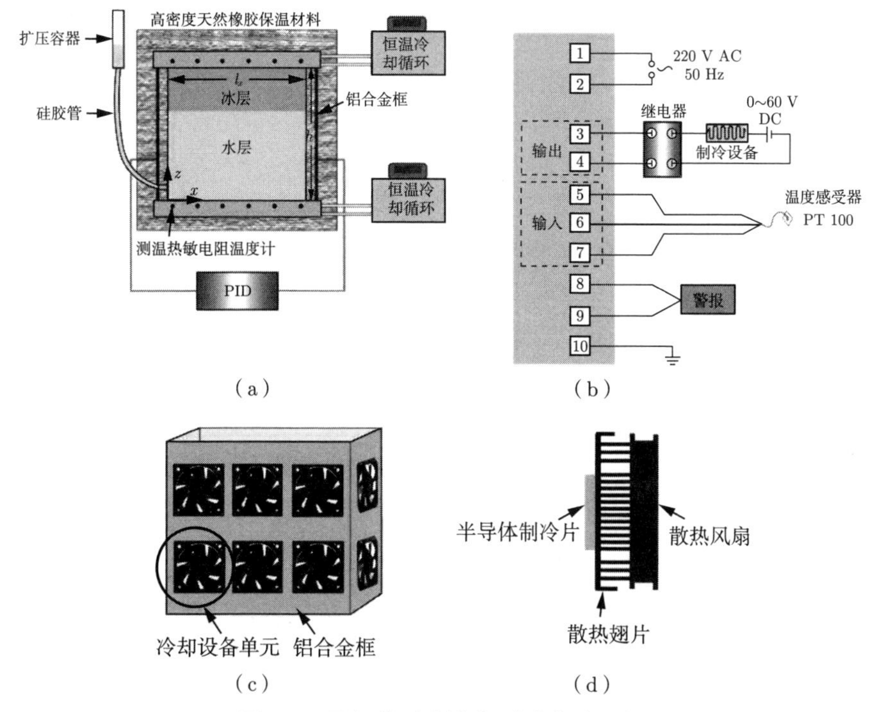

图 4.1　两相热对流结冰-融冰实验平台

(a) 长方形两相热对流结冰-融冰对流槽及其附属结构；(b) 温度控制系统原理示意图；(c) 温度控制系统中的执行机构；(d) 制冷设备中冷却单元的具体结构

之处在于：输出电路部分的工作设备为制冷设备，因为对流槽内进行两相对流结冰-融冰实验，对流主体区的平均温度低于室温，为防止系统向周围环境的漏热，需要将包围在对流槽侧壁的铝合金框通过其附属的冷却设备控温在对流主体区的平均温度（处于较低的温度水平）。图 4.1（c）所展示的是铝合金框及其附属的冷却设备，在铝合金框上安装有 16 个冷却设备单元（前、后面各 6 个，侧面各 2 个），冷却设备单元的具体结构如图 4.1（d）所示。冷却设备单元由半导体制冷片、散热翅片及散热风扇组合而成。冷却设备和铝合金框通过螺栓和螺母配合连接，铝合金框上根据半导体制冷片的尺寸事先开了方孔，以便半导体制冷片直接通过方孔与对流槽和铝合金框之间所填充高密度天然橡胶保温材料接触。PID 的温度感受器（PT 100 贴片式标准热电阻）放置在高密度天然橡胶保温材料夹层中，可以随时监控对流槽外围所处的温度。实验过程中设定 PID 温度控制信号为对流主体区的平均温度，当温度感受器测得的实时温度高于温度设定值，冷却设备便开始工作直到温度感受器测得的实时温度等于温度设定值，通过不断的反馈调节控制对流槽外围所处的温度。

在实验过程中，上板温度 T_t 和下板温度 T_b 保持恒定，其中 $T_t < T_\phi$、$T_b > T_\phi$。在实验测量中，典型下板的温度波动小于 $\pm 0.2\,K$，典型上板的温度波动小于 $\pm 0.02\,K$，上板温度的波动小于下板温度的波动，这主要是因为在上板处形成冰并附着，传热方式为热传导；而在下板处水层中的湍流可直接影响底板温度，并引起较强的波动。虽然上板和下板均存在一定程度的温度波动，但是温度波动范围仍处于较低的水平，故仍可认为上板和下板为恒温边界条件。

3. 扩压容器

在相变过程中，对流槽内存在体积变化。为了释放相变引起的体积变化所产生的压力变化，需设置扩压容器。扩压容器通过一根硅胶连接管与对流槽的侧面连通，硅胶连接管内在实验开始之前需要充满水，且扩压容器内要存在一定的水面高度。为了避免扩压容器中的水蒸发，使用一层薄硅油（与水不混溶）密封水面。通过监测扩压容器内的水位，可以计算出空间平均冰厚度，当扩压容器中的水位基本不变时，预计系统已达到平衡状态。实验中冰厚度的具体计算过程见本节计算部分。为保证本研究的普适性，在实验过程中令扩压容器上端直接和外界大气相通，从而保证对流槽内的压力始终为 P_0。

4. 实验的温度区间

在地球上的诸多流动中，冬季的典型水温在 $0 \sim 15$℃ 时，湖面上开始结冰，在此温度范围内，必须考虑水密度反转特性以对相关问题作出正确的预测。例如，冰可以形成的厚度以及在给定的环境条件下达到平衡状态所需要的时间等。为了探明水中的流动如何影响冰的生长，本研究控制实验过程中上板温度始终为冬季的典型温度值，本实验中选择 $T_t = -10$℃，相应地和固-液相变相关的斯特藩数（Stefan number，Ste）也保持不变，Ste 的定义为 $Ste = \mathcal{L}/C_{pi}(T_\phi - T_t)$，其中：$C_{pi}$ 是冰的等压比热容；$\mathcal{L}$ 是水的固-液相变潜热；Ste 表示固-液相变的潜热与系统显热之比，实验中 $Ste \approx 20$。在实验中，冰在上板处形成并增加厚度，直到系统达到平衡状态，冰水界面处水的凝固和冰的融化达到动态平衡，冰层的平均厚度不再改变。

5. 工作液体

在研究自然对流与结冰过程耦合的动力学和流动结构的实验中所使用的工作液体为超纯水（无杂质、有机物和矿物质微量元素等）。在实验开始之前需要对工作液体进行脱气处理（去除水中溶解的空气），避免水中溶解的空气对实验精度造成影响（若存在空气，则实验中为冰、水和空气三种组分共同参与），脱气方法为将超纯水煮沸，然后将其自然冷却至室温，此过程重复 2 ~ 3 次。涉及结冰问题时，温度范围包含水的密度最大值所对应温度（密度反转温度 T_c =4℃），图 4.2 展示了 4℃ 附近的水密度与温度的非线性关系，以及 4℃ 附近水的等压热膨胀系数 γ 随温度的变化。

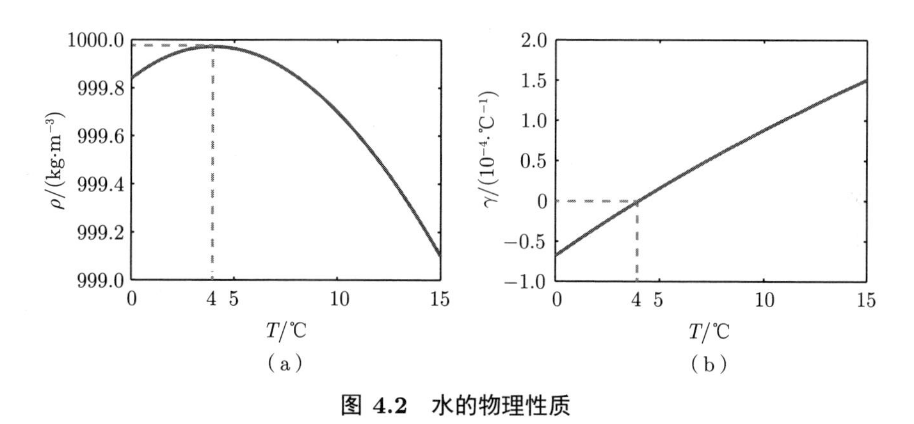

图 4.2　水的物理性质

（a）4℃ 附近的水密度与温度的非线性关系；（b）4℃ 附近水的等压热膨胀系数 γ 随温度的变化

6. 实验中冰厚度的计算

当下板温度为 T_b，系统达到平衡状态时，可以通过扩压容器的液面高度（从扩压容器的底面开始计算的水层高度）来反推空间平均冰水界面位置（水层的厚度）h_0，h_0 即为从下板处算起的 z 轴方向的坐标值，如图 4.1（a）所示，相应的空间平均水层厚度为 $h - h_0$。

计算的控制系统包括三个部分（图 4.3）：RB 对流槽（图 4.3 中红色

虚线框)、扩压容器(图 4.3 中绿色虚线框)及二者之间的连接管(图 4.3 中蓝色虚线框)。在实验过程中，控制系统(RB 对流槽 + 连接管 + 扩压容器)中的水和冰的总质量是守恒的(系统的初始质量 m_0 是已知的)，水和冰的等压热膨胀及固-液相变过程将会引起控制系统总体积的变化，体现在扩压容器内水层的体积变化(为保证本研究的普适性，在实验过程中令扩压容器上端直接和外界大气相通，从而保证对流槽内的压力始终为 P_0)，并认为在连接管和扩压容器内的水始终和外界环境温度 T_0 处于热平衡状态。

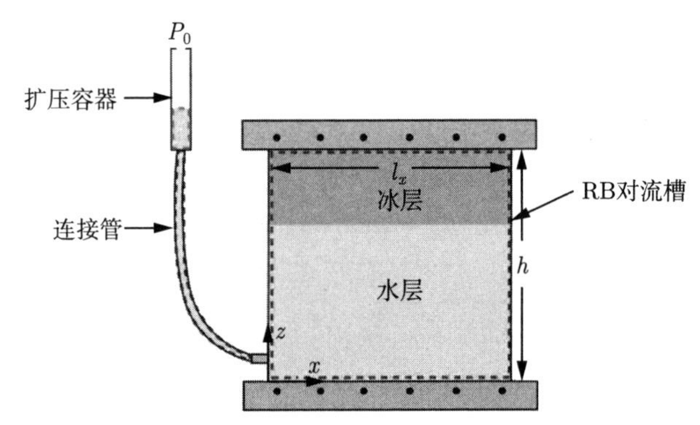

图 4.3　计算实验中空间平均冰层厚度 h_0 的两相热对流结冰-融冰系统（前附彩图）

根据控制系统内的总质量守恒可知：

$$m_0 = \rho_{\mathrm{w}}(T_{\mathrm{m}}) \cdot A_{\mathrm{RB}} \cdot h_0(t) + \rho_{\mathrm{I}} \cdot [A_{\mathrm{RB}} \cdot (h - h_0(t))] + m_{\mathrm{tube}} + \rho_{\mathrm{w}}(T_0) \cdot V_{\mathrm{EV}}(t) \tag{4.1}$$

式中：ρ_{w} 表示水的密度(是对流主体区平均温度 $T_{\mathrm{m}} = T_{\mathrm{b}}/2$ 的函数)；A_{RB} 是 RB 对流槽的水平截面积；ρ_{I} 是冰的密度(取冰层的平均温度 $T_{\mathrm{t}}/2$ 处的值)；m_{tube} 是连接管内水的质量；V_{EV} 是扩压容器内的水的体积。

因此，平均冰水界面位置 h_0 的一般形式可以表示为

$$h_0(t) = \frac{m_0 - \rho_{\mathrm{w}}(T_0) \cdot V_{\mathrm{EV}}(t) - \rho_{\mathrm{I}} A_{\mathrm{RB}} h - m_{\mathrm{tube}}}{\rho_{\mathrm{w}}(T_{\mathrm{m}}) A_{\mathrm{RB}} - \rho_{\mathrm{I}} A_{\mathrm{RB}}} \tag{4.2}$$

接下来估计 h_0 的测量误差。扩压容器是一个无盖滴定管，滴定管上有刻度，因此可以直接读取扩压容器中的水容量。扩压容器上的刻度最小值为 0.1 mL，这可能导致在计算 h_0 时出现精度错误。另外扩压容器中的水蒸发也可能导致测量误差。在上文中提到，扩压容器上端直接和外界大气相通，从而保证对流槽内的压力始终为 P_0，使用油封来减少扩压容器中的水分蒸发。为了评估阻止水分蒸发的效果，实验测量了在硅油密封液面的条件下扩压容器中的水蒸发率，结果表明：在三天内扩压容器中的水减少了约 1 mL。除此之外，在实验研究的参数范围内，h_0 的变化范围约为 0.064~0.28cm，综合上述因素，对应于 0.5%~7%的 h_0 变化，这足以满足研究的精度要求。

4.2.2　理论建模

本节将介绍理论建模的方法。主要考虑两种情况（考虑最简单但是能够抓住问题本质的一维模型）：①平衡态模型；②瞬态模型。

考虑或忽略水的密度反转特性，系统的传热过程处理方法存在差异，在本节接下来的内容中，将首先介绍考虑水的密度反转特性的理论建模方法，作为比较，也进行了没有考虑水密度反转特性的理论建模。

接下来将对理论建模的细节进行讨论。

1. 考虑水密度反转特性的理论建模：平衡态模型

当系统达到平衡状态时，通过冰层和水层的热通量平衡。

当 $T_{\mathrm{b}} > T_{\mathrm{c}}$ 时，水层由重力稳定层（$T_\phi \sim T_{\mathrm{c}}$ 之间的区域，水的密度随深度的增加而变大）和重力不稳定层（$T_{\mathrm{c}} \sim T_{\mathrm{b}}$，水的密度随深度的增加而变小）组成。因此，系统内存在三种串联的热流在平衡状态下相等：①冰层中的热传导热通量；②重力稳定层中的热传导热通量；③当 $T_{\mathrm{b}} > T_{\mathrm{c}}$ 且系统处于平衡状态时，系统内存在重力不稳定层，该层的热通量可能是来自热传导也可能是热对流，这取决于该层所对应的热驱动强度。

重力不稳定层所对应的有效热驱动强度 Ra_{e}，其值和临界瑞利数 Ra_{cr} 值（$Ra_{\mathrm{cr}} \approx 1708$ [25,203-204]）的关系决定了重力不稳定层内是纯导热状态还是热对流状态，具体的讨论见后文。由此可以计算系统处于平衡状态时的冰层厚度 $(h-h_0)$、重力稳定层厚度 (h_0-h_4) 和重力不稳定层厚度 h_4（h_4 只在 $T_\mathrm{b}>T_\mathrm{c}$ 时存在）。

当 $T_\mathrm{b}>T_\mathrm{c}$ 时，重力不稳定层产生对应于温差 $(T_\mathrm{b}-T_\mathrm{c})$ 的热驱动力，基于重力不稳定层的有效热驱动强度 Ra_e 定义为

$$\begin{aligned}Ra_\mathrm{e}&=\frac{(\Delta\rho/\rho_0)g(h_4)^3}{\nu\kappa}\\&=\frac{g\gamma^*(T_\mathrm{b}-T_\mathrm{c})^q(h_4)^3}{\nu\kappa}\end{aligned}\tag{4.3}$$

式中：g 是重力加速度；ν 是运动黏度；κ 是热扩散系数；q 为 1.895。

相应地，当 $T_\mathrm{b}>T_\mathrm{c}$ 时，系统的全局有效热通量 Nu_e 定义为基于重力不稳定层区域的总热通量与其处于纯导热状态时的导热热通量之比，即

$$Nu_\mathrm{e}=\frac{(\nabla T)|_{z=0}}{(T_\mathrm{c}-T_\mathrm{b})/h_4}\tag{4.4}$$

式中：h_4 表示重力不稳定层厚度且只在 $T_\mathrm{b}>T_\mathrm{c}$ 时存在。

在全参数范围内，Nu_e 和 Re_e 的拟合经验公式如下：

$$Nu_\mathrm{e}=\begin{cases}1, & (\xi\leqslant 0)\\ 1+C_1\xi, & (1<\xi\leqslant 1.23)\\ C_2\xi^\beta, & (\xi>1.23)\end{cases}\tag{4.5}$$

式中：$\xi=(Ra_\mathrm{e}-Ra_\mathrm{cr})/Ra_\mathrm{cr}$；$C_1=0.88$；$C_2=0.27\times Ra_\mathrm{cr}^\beta$（$\beta=0.27$）。经验公式中的拟合参数均基于本研究中的直接数值模拟数据，经验公式的形式与 Purseed 等[81] 所使用的形式类似。

Nu_e 对 Ra_e 的依赖关系如图 4.4 所示。在图中，直接数值模拟结果表示为实心圆，根据式 (4.5) 所做出的经验曲线表示为图中的黑色线，图中的空心圆表示经典（无相变）的 RB 对流系统的传热特性结果[205-206]。从图 4.4 中可以看出，尽管本研究中的对流系统与传统的自然对流相比具有不同的条件（移动固-液界面与重力稳定层和不稳定层共存等），但是当使用基于重力不稳定层的有效瑞利数 Ra_e 以及有效努塞尔数 Nu_e 作为系统的控制参数和响应参数时，系统的传热特性曲线（图 4.4 中的实心圆）呈现出和传统 RB 对流之间的传热特性曲线 Nu-Ra（图 4.4 中的

空心圆）的趋势具有良好的一致性，这进一步说明 Nu-Ra 的关系具有稳健性，这和 Esfahani 等[78] 的研究结果一致。因此，可以使用经典 RB 对流中的原理来对本研究系统进行理论建模。

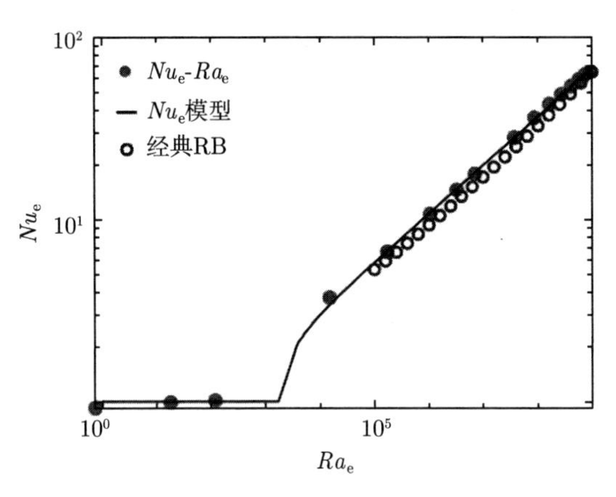

图 4.4　Nu_e 对 Ra_e 的依赖关系

根据 T_b 和 T_c 之间的关系，可以将考虑水密度反转特性的平衡态模型分为如下两种情况进行讨论。

（1）当处于 $T_b \leqslant T_c$ 的温度区间：系统处于纯导热状态，这与水层（冰层）厚度无关，整个水层处于重力稳定分层。当系统处于平衡状态时，系统的传热满足：

$$\lambda_I \frac{T_\phi - T_t}{h - h_0} = \lambda_w \frac{T_b - T_\phi}{h_0} \tag{4.6}$$

式中：T_ϕ 是水的固-液相变温度（T_ϕ =0℃）；λ_I 和 λ_w 分别表示冰和水的导热系数。

根据式 (4.6)，可以计算得到系统中的冰层厚度 $(h - h_0)$ 和水层厚度 h_0：

$$\begin{cases} h - h_0 = \dfrac{-\lambda_I T_t}{\lambda_w T_b - \lambda_I T_t} h \\ \\ h_0 = \dfrac{\lambda_w T_b}{\lambda_w T_b - \lambda_I T_t} h \end{cases} \tag{4.7}$$

（2）当处于 $T_b > T_c$ 的温度区间：当系统处于平衡状态，冰层内的

导热热通量、重力稳定层中的导热热通量和重力不稳定层中的对流热通量三者串联，根据能量守恒可得

$$\begin{cases} \lambda_{\mathrm{I}} \dfrac{T_\phi - T_{\mathrm{t}}}{h - h_0} = \lambda_{\mathrm{w}} \dfrac{T_{\mathrm{c}} - T_\phi}{h_0 - h_4} \\ \lambda_{\mathrm{I}} \dfrac{T_\phi - T_{\mathrm{t}}}{h - h_0} = Nu_{\mathrm{e}} \lambda_{\mathrm{w}} \dfrac{T_{\mathrm{b}} - T_{\mathrm{c}}}{h_4} \end{cases} \tag{4.8}$$

结合式 (4.5) 所表示的 Nu_{e} 对 Ra_{e} 的依赖关系，可以解得冰层厚度 $(h-h_0)$、重力稳定层厚度 (h_0-h_4) 和重力不稳定层厚度 h_4。另外前述已经提到在本理论建模研究中，考虑最简单但是能够抓住问题本质的一维模型，即忽略系统处于平衡状态时由于水层内对流流动的影响冰水界面有可能发生变形等因素，这些因素对模型的预测精度影响较小，因为理论模型预测量都是系统的全局响应（冰层厚度、重力稳定区厚度及重力不稳定区厚度等），局部的形貌特征不会影响全局响应参数。

2. 考虑水密度反转特性的理论建模：瞬态模型

经典斯特藩问题是描述固体融化或液体凝固过程中出现的自由边界的问题[207]。根据经典斯特藩问题的分析方法，冰和水之间存在随时间变化的界面，该界面表示为 $z=h_0(t)$，其中 $h_0(t)$ 是 $T_{\mathrm{w}}(h_0(t),t)=0$℃ 处的坐标轴 z 方向的数值，而这个数值是先验未知的，因此解的一部分用于确定冰水界面的位置。

当相变发生时，水和冰之间的密度差及热膨胀效应会引起体积的变化。为了简化问题，本研究忽略体积变化。此外，考虑一维传热问题，假设物理性质不随温度而变化，但是其数值对于冰相和水相是不同的；冰水界面的温度恒为固-液相变温度 T_ϕ（$T_\phi=0$℃）。当 $T_{\mathrm{b}} \leqslant T_{\mathrm{c}}$，基本的控制方程为

$$\frac{\partial T_{\mathrm{w}}(z,t)}{\partial t} = \kappa_{\mathrm{w}} \frac{\partial^2 T_{\mathrm{w}}(z,t)}{\partial z^2},\ 0<z<h_0(t) \tag{4.9}$$

$$\frac{\partial T_{\mathrm{I}}(z,t)}{\partial t} = \kappa_{\mathrm{I}} \frac{\partial^2 T_{\mathrm{I}}(z,t)}{\partial z^2},\ h_0(t)<z<h \tag{4.10}$$

式中：κ 是热扩散系数；下标“I”和“w”分别表示冰相（ice）和水相（water）。

相应的边界条件为

$$\begin{cases} T_{\mathrm{w}}(0,t) = T_{\mathrm{b}} \\ \lim\limits_{z\to h_0(t)^-} T_{\mathrm{w}}(z,t) = \lim\limits_{z\to h_0(t)^+} T_{\mathrm{I}}(z,t) = T_{\phi} \\ T_{\mathrm{I}}(H,t) = T_{\mathrm{t}} \end{cases} \tag{4.11}$$

式中：上标“−”和“+”表示取极限的方向，即分别表示从小于 $h_0(t)$ 的方向趋近于 $h_0(t)$ 和从大于 $h_0(t)$ 的方向趋近于 $h_0(t)$。

在冰水界面处的能量守恒可以表示为

$$\mathcal{L}\rho_{\mathrm{I}}\frac{\mathrm{d}h_0(t)}{\mathrm{d}t} = \lambda_{\mathrm{I}}\frac{\partial T_{\mathrm{I}}(z,t)}{\partial z}|_{z=h_0(t)^+} - \lambda_{\mathrm{w}}\frac{\partial T_{\mathrm{w}}(z,t)}{\partial z}|_{z=h_0(t)^-} \tag{4.12}$$

式中：$\mathcal{L}$ 是水发生固-液相变的潜热；λ 表示导热系数。

基于控制方程和相应的边界条件，可以推导出解的显式表达式。首先，考虑水层中的方程式 (4.9) 并引入相似性变量：

$$\zeta(z,t) = \frac{z}{\sqrt{t}} \tag{4.13}$$

那么方程的解具有如下形式：

$$T_{\mathrm{w}}(z,t) = F(\zeta(z,t)) \tag{4.14}$$

式中：$F(\zeta(z,t))$ 是需要求解的未知式。$T_{\mathrm{w}}(z,t)$ 的导数可以表示为

$$\begin{cases} \dfrac{\partial T_{\mathrm{w}}(z,t)}{\partial t} = \dfrac{\mathrm{d}F}{\mathrm{d}\zeta}\dfrac{\partial \zeta}{\partial t} = \dfrac{\mathrm{d}F}{\mathrm{d}\zeta}\dfrac{-z}{2t\sqrt{t}} \\ \dfrac{\partial T_{\mathrm{w}}(z,t)}{\partial z} = \dfrac{\mathrm{d}F}{\mathrm{d}\zeta}\dfrac{\partial \zeta}{\partial z} = \dfrac{\mathrm{d}F}{\mathrm{d}\zeta}\dfrac{1}{\sqrt{t}} \\ \dfrac{\partial^2 T_{\mathrm{w}}(z,t)}{\partial z^2} = \dfrac{1}{\sqrt{t}}\dfrac{\mathrm{d}}{\mathrm{d}\zeta}\left(\dfrac{\mathrm{d}F}{\mathrm{d}\zeta}\right)\dfrac{\partial \zeta}{\partial z} = \dfrac{1}{t}\dfrac{\mathrm{d}^2F}{\mathrm{d}\zeta^2} \end{cases} \tag{4.15}$$

将式 (4.15) 代入式 (4.9)可得

$$\frac{\mathrm{d}^2F}{\mathrm{d}\zeta^2} + \frac{\zeta}{2\kappa_{\mathrm{w}}}\frac{\mathrm{d}F}{\mathrm{d}\zeta} = 0 \tag{4.16}$$

式 (4.16) 可以通过积分变量求解：

$$M(\zeta)=\mathrm{e}^{\int_{h_0(0)}^{\zeta}\frac{h_0(t)}{2\kappa_{\mathrm{w}}}\mathrm{d}h_0}=C_1\mathrm{e}^{\frac{\zeta^2}{4\kappa_{\mathrm{w}}}} \tag{4.17}$$

式中：C_1 是积分常数。

将式 (4.17) 中的 $M(\zeta)$ 和式 (4.16) 相乘可得

$$\frac{\mathrm{d}^2F}{\mathrm{d}\zeta^2}M(\zeta)+\frac{\zeta}{2\kappa_{\mathrm{w}}}M(\zeta)\frac{\mathrm{d}F}{\mathrm{d}\zeta}=0 \tag{4.18}$$

通过导数的乘积规则，可得

$$\frac{\mathrm{d}}{\mathrm{d}\zeta}\left[M(\zeta)\frac{\mathrm{d}F}{\zeta}\right]=0 \tag{4.19}$$

将式 (4.19)积分得

$$M(\zeta)\frac{\mathrm{d}F}{\mathrm{d}\zeta}=C_2 \tag{4.20}$$

式中：C_2 是积分常数。

综上所述，式 (4.20) 的解可表示为

$$F(\zeta)=C\int_0^{\zeta}\mathrm{e}^{-\frac{h_0^2}{4\kappa_{\mathrm{w}}}}\mathrm{d}s+D \tag{4.21}$$

式中：D 是积分常数。

根据 $z=0$, $T_{\mathrm{w}}=T_{\mathrm{b}}$ 和 $z=h_0(t)$, $T_{\mathrm{w}}=T_0$ 处的边界条件，可以得到水中的温度分布：

$$T_{\mathrm{w}}(z,t)=T_{\mathrm{b}}-\frac{T_{\mathrm{b}}}{\mathrm{erfc}(\omega_{\mathrm{w}})}\mathrm{erfc}\left(\frac{Z}{2\sqrt{\kappa_{\mathrm{w}}t}}\right) \tag{4.22}$$

式中：$Z=h-z$；$\omega_{\mathrm{w}}=\dfrac{h-h_0(t)}{2\sqrt{\kappa_{\mathrm{w}}t}}$。

通过相同的方法，可以得到冰中的温度分布：

$$T_{\mathrm{I}}(z,t)=T_{\mathrm{t}}-\frac{T_{\mathrm{t}}}{\mathrm{erf}(\omega_{\mathrm{I}})}\mathrm{erf}\left(\frac{Z}{2\sqrt{\kappa_{\mathrm{I}}t}}\right) \tag{4.23}$$

式中：$\omega_{\mathrm{I}}=\dfrac{h-h_0(t)}{2\sqrt{\kappa_{\mathrm{I}}t}}$。erf 是误差函数，满足 $\mathrm{erf}(x)=\dfrac{2}{\sqrt{\pi}}\int_0^x \mathrm{e}^{-t^2}\mathrm{d}x$，而 $\mathrm{erfc}(x)=1-\mathrm{erf}(x)$。

当 $T_{\mathrm{b}}>T_{\mathrm{c}}$ 时，水层由重力稳定和不稳定的分层组成，这两层之间的界面位置为 $h_4(t)$。为简化估算水层对流热通量的问题，基于整个水层厚度（从下板到冰水界面 $h_0(t)$，相应的温差为（$T_{\mathrm{b}}-T_{\phi}$）)，定义名义瑞利数 Ra 和名义努塞尔数 Nu，Nu 和 Ra 的定义如下：

$$\begin{cases} Ra=\dfrac{g\gamma^*(T_{\mathrm{b}}-T_{\phi})^q[h_0(t)]^3}{\nu\kappa} \\ Nu=\dfrac{\partial_z T|_{z=0}}{(T_{\phi}-T_{\mathrm{b}})/h_0(t)} \end{cases} \tag{4.24}$$

通过分别比较名义瑞利数 Ra 和名义努塞尔数 Nu 的定义与有效瑞利数 Ra_{e} 和有效努塞尔数 Nu_{e} 的定义，可以发现 Ra 与 Ra_{e} 之间的函数关系以及 Nu 与 Nu_{e} 之间的函数关系，具体可表示如下：

$$\begin{cases} Ra=Ra_{\mathrm{e}}\ \varphi_1^q\ \varphi_2^3 \\ Nu=Nu_{\mathrm{e}}\ \varphi_1^{-1}\ \varphi_2 \end{cases} \tag{4.25}$$

式中：

$$\begin{cases} \varphi_1=\dfrac{T_{\mathrm{b}}-T_{\phi}}{T_{\mathrm{b}}-T_{\mathrm{c}}} \\ \varphi_2=\dfrac{h_0}{h_4} \end{cases} \tag{4.26}$$

利用式 (4.5)，可以将 Nu 表示为 Ra 的函数，从而可以计算基于整个水层的对流热通量。冰水界面处的能量平衡形式如下：

$$\mathcal{L}\rho_{\mathrm{I}}\frac{\mathrm{d}h_0(t)}{\mathrm{d}t}=\lambda_{\mathrm{I}}\frac{\partial T_{\mathrm{I}}(h_0(t)^+,t)}{\partial z}+Nu\ \lambda_{\mathrm{w}}\frac{T_{\mathrm{b}}-T_{\phi}}{h_0(t)} \tag{4.27}$$

基于式 (4.10) 、式 (4.27)及边界条件式 (4.11)，可以求解冰水界面的位置作为时间的函数关系，从而可以预测系统结冰过程随时间的演化。

3. 忽略水密度反转特性的理论建模

对于忽略水密度反转特性的理论建模，此时的液体层呈现线性密度分布，所以不存在上述讨论的名义瑞利数或有效瑞利数，此时的瑞利数 Ra^* 是基于整个液体层定义的，即整个液体层的厚度 h_0 和相应的温差 $(T_\mathrm{b}-T_\phi)$，即

$$Ra^* = \frac{g\gamma(T_\mathrm{b}-T_\phi)(h_0)^3}{\nu\kappa} \tag{4.28}$$

式中：γ 是水的等压热膨胀系数（取 T_b 在研究参数范围的平均温度 7℃）。

当然，也可以将 γ 取为温度的函数，在这种情况下，Ra^* 定义为

$$Ra^* = \frac{g\gamma|_{@\ T_\mathrm{mean}}(T_\mathrm{b}-T_\phi)(h_0)^3}{\nu\kappa} \tag{4.29}$$

式中：$\gamma|_{@\ T_\mathrm{mean}}$ 表示水层在平均温度 T_mean（$T_\mathrm{mean}=(T_\mathrm{b}+T_\phi)/2$）时的等压热膨胀系数。

当系统达到平衡状态时，冰层中的导热热通量与整个水层中的热通量之间的能量平衡形式如下：

$$k_\mathrm{I}\frac{T_\phi-T_\mathrm{t}}{h-h_0} = Nu_\mathrm{e}k_\mathrm{w}\frac{T_\mathrm{b}-T_\phi}{h_0} \tag{4.30}$$

根据式(4.29) 中所定义的 Ra^* 可以预测式 (4.27) 中的 Nu_e，由此可以解得不同工况下冰水界面的位置 h_0。

根据上述理论建立的模型的预测结果将在 4.3 节中进行说明。

4.2.3 直接数值模拟：格子玻尔兹曼算法

前人也为研究相变与流动耦合的理论建模付出了努力：Esfahani 等 [78] 利用一个水密度和温度的线性关系模拟相变对流系统；Purseed 等 [81] 通过数值模拟方法模拟了相变流体（密度随温度存在线性变化关系）的自然对流与相变的耦合，其中的固-液相变温度和上、下板之间的温差是可变的自由参数；Toppaladoddi 等 [147] 则在具有刚性边界的系统中利用数值模拟方法（考虑水的非线性状态方程）研究了穿透对流，但是该系统中不存在相变过程。

本节所介绍的直接数值模拟方法是在传统的格子玻尔兹曼方法（lattice Boltzmann method，LBM）基础上进行二次开发，发展出适合研究自然对流与结冰过程耦合的动力学和流动结构的方法，传统的格子玻尔兹曼方法的基本原理在文献 [78, 156, 208] 中进行了详细的讨论，此处不再赘言，此处只讨论本研究对数值模拟方法进行二次开发的内容，经过改进后的方法能够捕捉水相中的湍流对流动力学，并且能够描述冰水界面处的相变过程。

1. 数值模拟方法介绍：控制方程

本部分将介绍直接数值模拟方法中表征相变、流体流动和传热的相关控制方程，直接数值模拟的研究域及其边界条件如图 4.5 所示。

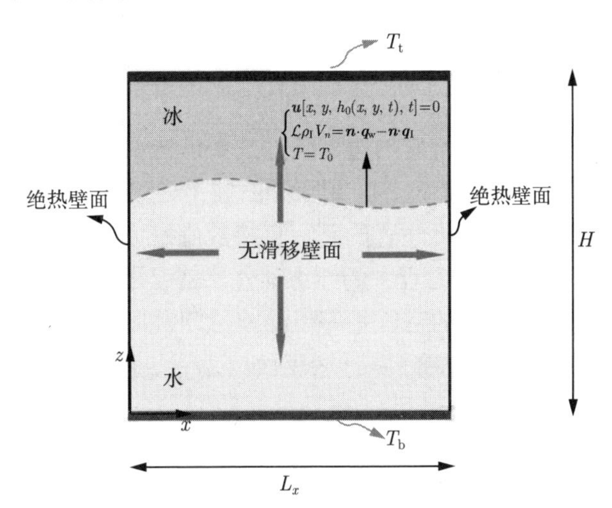

图 4.5　直接数值模拟的研究域及其边界条件

注：模拟域的宽为无量纲距离 L_x，高为无量纲距离 H，二者均通过模拟域的高度进行归一化。

4.2.1 节已经提到，作为工作液体的水在密度反转温度 T_c 处密度达到最大值，在直接数值模拟中所使用的 T_c 温度附近水的密度和温度之间的非线性关系式为[209]

$$\rho_w = \rho_c(1 - \gamma^*|T - T_c|^q) \tag{4.31}$$

式中：$\rho_c = 999.972\,\mathrm{kg\cdot m^{-3}}$；$\gamma^* = 9.30 \times 10^{-6}(K^{-q})$；$q = 1.895$。

水层中的控制方程可以表达为

$$\begin{cases}\nabla\cdot\boldsymbol{u}(x,y,z,t)=0\\ \dfrac{\partial\boldsymbol{u}}{\partial t}+\boldsymbol{u}(x,y,z,t)\cdot\nabla\boldsymbol{u}(x,y,z,t)=-\dfrac{\nabla p(x,y,z,t)}{\rho_0}+\\ \quad\nu_{\mathrm{w}}\nabla^2\boldsymbol{u}(x,y,z,t)+\alpha^* g|T(x,y,z,t)-4|^q\mathrm{e}_z\\ \rho C_{\mathrm{p}}\dfrac{\partial T(x,y,z,t)}{\partial t}+\nabla\cdot[\rho C_{\mathrm{p}}\boldsymbol{u}(x,y,z,t)T(x,y,z,t)]\\ \quad=\nabla\cdot[\lambda\nabla T(x,y,z,t)]\end{cases}\tag{4.32}$$

式中：$\boldsymbol{u}(x,y,z,t)$、$p(x,y,z,t)$、$T(x,y,z,t)$ 分别是流体的速度、压强和温度场（所有温度均以摄氏度为单位）；ν_{w}、λ、ρ、C_{p} 和 g 分别表示水的运动黏度、导热系数、密度、等压比热容和重力加速度。水相中：$\lambda=\lambda_{\mathrm{w}}$，$\rho=\rho_{\mathrm{w}}=\rho_0(1-\alpha^*|T_{\mathrm{b}}-4|^q)$，$C_{\mathrm{p}}=C_{\mathrm{pW}}$；冰相中：$\lambda=\lambda_{\mathrm{I}}$，$\rho=\rho_{\mathrm{I}}$，$C_{\mathrm{p}}=C_{\mathrm{pI}}$。冰和水的所有物理性质（除 ρ_{w} 外）均在各个相空间的温度平均值处取值，即分别在 $(T_{\mathrm{t}}+T_{\phi})/2$ 和 $(T_{\mathrm{b}}+T_{\phi})/2$ 温度处。

与上述控制方程相对应的边界条件是：恒定温度的上板和下板、无滑移的下板、绝热的侧壁边界、相变界面处无滑移和发生固-液相变（即斯特藩条件[25,207]）。值得注意的是，直接数值模拟使用了布西内斯克近似[27]，这意味着除动量方程中的浮力项外，密度被视为一个常数值。此外，本研究假设冰和水的密度相等（$\rho_{\mathrm{I}}=\rho_{\mathrm{w}}$），以满足流动的不可压缩性。基于这些假设，边界条件可以表示如下：

$$\begin{cases}T(x,y,0,t)=T_{\mathrm{b}}\\ T(x,y,H,t)=T_{\mathrm{t}}\\ \boldsymbol{u}(x,y,0,t)=0\\ \boldsymbol{u}[x,y,h_0(x,y,t),t]=0\\ \dfrac{\partial T(0,y,z,t)}{\partial y}=0\\ \dfrac{\partial T(L_x,y,z,t)}{\partial y}=0\\ \mathcal{L}\rho_{\mathrm{I}}V_n=\boldsymbol{n}\cdot\boldsymbol{q}_{\mathrm{w}}-\boldsymbol{n}\cdot\boldsymbol{q}_{\mathrm{I}}\end{cases}\tag{4.33}$$

式中：$\mathcal{L}$ 是水的固-液相变潜热；$h_0(x,y,t)$ 是冰水界面处的点在 z 轴方向的位置坐标，$\boldsymbol{q}$ 是热通量向量；$\boldsymbol{n}$ 是冰水界面指向液体的单位法向量。下标 I 和 w 分别表示冰和水。热通量定义为 $q_{\mathrm{I}}=-\lambda_{\mathrm{I}}\nabla T_{\mathrm{I}}$，$q_{\mathrm{w}}=-\lambda_{\mathrm{w}}\nabla T_{\mathrm{w}}$。

由于冰水界面的位置具有时间和空间依赖性，需要特别注意冰水界面处的边界条件，一个常用的方法是将总焓 h 分为显热和潜热两个部分来表示[159]：

$$h=\begin{cases}\mathcal{L}\phi_{\mathrm{w}}+C_{\mathrm{pI}}T, & (T<T_\phi)\\ \mathcal{L}\phi_{\mathrm{w}}+C_{\mathrm{pI}}T_\phi, & (T=T_\phi)\\ \mathcal{L}\phi_{\mathrm{w}}+C_{\mathrm{pI}}T_\phi+C_{\mathrm{pw}}(T-T_\phi), & (T>T_\phi)\end{cases}\tag{4.34}$$

式中：T_ϕ 是水的固-液相变温度（$T_\phi=0$）；而 $\phi_{\mathrm{w}}(x,y,z,t)$ 是系统中的液体体积分数。$h_0(x,y,t)$ 和 $\phi_{\mathrm{w}}(x,y,z,t)$ 之间的关系可以表示为 $h_0(x,y,t)=\int_0^H\phi_{\mathrm{w}}(x,y,z,t)\,\mathrm{d}z$，式中 H 是所研究区域的高度（$H=1$）。在冰相中 $\phi_{\mathrm{w}}=0$，在水相中 $\phi_{\mathrm{w}}=1$，从而需要在能量守恒方程式 (4.32)中引入源项 S_1，S_1 衡量冰水界面处能量守恒关系中的相变潜热的贡献。

值得注意的是，准确解决此类固-液相变和流动进行耦合问题的关键是准确地表述能量守恒方程中的扩散项，由于所研究的系统包括固体和液体（非均匀介质），这就意味着需要在能量守恒方程式 (4.32)中引入额外的源项 S_2[158]。因此进行修正之后的完整的能量方程可以表示为

$$\begin{aligned}&\sigma(\rho C_{\mathrm{p}})_0\frac{\partial T(x,y,z,t)}{\partial t}+\nabla\cdot[\sigma(\rho C_{\mathrm{p}})_0\,T(x,y,z,t)\,\boldsymbol{u}(x,y,z,t)]\\&=\nabla\cdot[\lambda\,\nabla T(x,y,z,t)]+S_1+S_2\end{aligned}\tag{4.35}$$

式中：第一个源项是 $S_1=-\mathcal{L}\rho\dfrac{\partial\phi_{\mathrm{w}}}{\partial t}$；第二个源项是 $S_2=-\sigma\lambda\,\nabla T(x,y,z,t)\nabla\dfrac{1}{\sigma}-\dfrac{\rho C_{\mathrm{p}}}{\sigma}T(x,y,z,t)\,\boldsymbol{u}(x,y,z,t)\,\nabla\sigma$。$\sigma=\dfrac{\rho C_{\mathrm{p}}}{(\rho C_{\mathrm{p}})_0}$ 是热容比（热容比在冰相或水相中取值不同），而 $(\rho C_{\mathrm{p}})_0$ 是作为常数的热容参考值[158]。

在直接数值模拟中，监测系统的冰水界面位置 $h_0(x,t)$ 的演化及其空间平均位置 $h_0=\Delta t^{-1}\int_0^{\Delta t}L_x^{-1}\int_0^{L_x}h_0(x,t)\mathrm{d}x\mathrm{d}t$，相应的空间平均的冰层厚度 $(h-h_0)$ 可以方便得到。定义系统达到平衡状态的标准为：当空间平均的冰层厚度时间序列在大约 8 min 的时间窗口内，相对于该

时间段内的时间平均值的标准差小于 0.5%时，即为系统达到平衡状态。在直接数值模拟中，关注的是系统的全局响应参数，与相变相关的微观物理机制不是本研究的重点，故合理忽略了如导致动力学过冷（kinetic undercooling）、吉布斯-汤姆逊效应（Gibbs-Thomson effect）和各向异性结冰/融冰（anisotropic growth/melting）等的微观物理机制[210]。

2. 直接数值模拟的误差分析

本部分将介绍直接数值模拟程序经过二次开发之后的准确性及对自然对流与结冰过程耦合研究的可行性。

数值模拟的误差分析中进行了两方面的基准测试，首先是对比理论解（详细方法见 4.2.2 节）和直接数值模拟结果；其次是比较采用不同分辨率进行直接数值模拟的结果。

测试选用了三种分辨率，即 120 × 120、240 × 240 和 480 × 480。模拟的参数主要取自系统处于纯导热状态（$T_b < T_c$），参数选取的原因是：在纯导热区间，理论解可以通过热通量平衡直接解得（见 4.2.2 节中式 (4.7)），而不需要结合式 (4.5) 所表示的 Nu_e 对 Ra_e 的依赖关系（因为此式为拟合的经验关系式，经验参数来自具体的数值模拟结果），选取纯导热状态区间就排除了不确定因素的影响。

表 4.1 展示了不同分辨率的数值模拟和理论建模得出的不同 T_b 时，冰的厚度占研究区域总高度的比例 h_{ice}。

表 4.1 不同分辨率的数值模拟和理论建模得出的不同 T_b 时的归一化冰厚度 h_{ice}

T_b/℃	h_{ice}^{theory}	$h_{ice}^{simulation}$		
		120 × 120	240 × 240	480 × 480
0.5	0.9830	0.9833	0.9794	0.9900
1.0	0.9667	0.9750	0.9625	0.9815
1.5	0.9508	0.9585	0.9458	0.9522
2.0	0.9355	0.9500	0.9292	0.9396
2.5	0.9206	0.9417	0.9167	0.9293
3.0	0.9063	0.9250	0.9000	0.9125
3.5	0.8923	0.9167	0.8837	0.9002

注：h_{ice}^{theory} 表示理论建模结果，$h_{ice}^{simulation}$ 表示数值模拟结果。

误差 ϵ 定义为同一工况下理论建模结果 $h_{\text{ice}}^{\text{theory}}$ 与数值模拟结果 $h_{\text{ice}}^{\text{simulation}}$ 之间的相对差异：

$$\epsilon = \left| \frac{h_{\text{ice}}^{\text{theory}} - h_{\text{ice}}^{\text{simulation}}}{h_{\text{ice}}^{\text{theory}}} \right| \times 100\% \tag{4.36}$$

ϵ 对不同分辨率的依赖关系如图 4.6 所示。从图中可知，在系统处于纯导热区间时的所有工况下，分辨率为 240×240 的模拟效果最好，满足 $\epsilon < 1\%$。

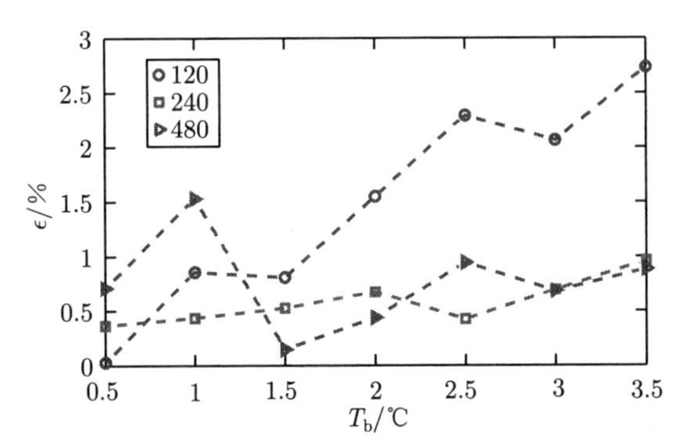

图 4.6　理论解和直接数值模拟结果对比

一旦完成了基准测试，在保证精度允许的范围内，将尽量使用较小分辨率进行直接数值模拟，这主要是因为与结冰相关的总体时间尺度非常长。基于不同工况的计算成本和计算精度，具体测试了不同分辨率的模拟结果，以确保模拟结果具有较高的稳健性。当传热状态为纯导热时（$T_{\text{b}} < T_{\text{c}}$），系统达到平衡所需的时间很长，故随着数值模拟所使用的分辨率的增加，计算成本增高。所以必须缩小数值模拟系统的规模。这种处理是合理且可行的，因为在纯导热状态，传热行为是线性的，因此即便使用较小的分辨率也可以保证数值模拟的计算精度。例如，分辨率为 120×120，模拟结果与理论结果之间的误差仍在较低水平（3%以内）。此外，当 $T_{\text{b}} > T_{\text{c}}$ 时，水层内存在重力稳定层与不稳定层，尤其是在系统热驱动力强度很强的参数区间，系统中的流动呈现高度湍流的状态，因此，直接数值模拟需要更高的分辨率来保持精度需求。与此同时，在高度湍流的参数区间，系统的流体动力学特性演化十分快速，这会使得直接数值模拟所需要的时间减少，基于计算成本和计算精度，最终选择了 240 ×

240 的分辨率，在热边界层内可以保证 6~8 个节点的精度，这足以满足研究的精度需求[78]。因此，本研究中所有的数值模拟结果都是基于 240×240 分辨率得到的，系统处于工况 T_{b} 和 T_{t} 的直接数值模拟的初始条件为：初始系统内为水相，控制温度为恒定且均匀，温度值为 $(T_{\mathrm{b}}+T_{\mathrm{t}})/2$。

4.2.4 研究方法小结

系统的重要控制参数是有效瑞利数 Ra_{e} 及斯特藩数 Ste，为了确保水层区域的流体动力学是冰演化的唯一影响因素，在实验和直接数值模拟的研究中，上板温度 T_{t} 固定在冬季的典型温度值（4.2.1 节中也有提到），本研究中设定 $T_{\mathrm{t}}=-10$℃，相应地和固-液相变相关的 Ste 也保持不变，即 $Ste \approx 20$。在研究过程中，在宽范围内改变下板温度（与 Ra_{e} 相关），即在实验中 3.8℃$\leqslant T_{\mathrm{b}} \leqslant$8℃ 及在直接数值模拟中 0.5℃$\leqslant T_{\mathrm{b}} \leqslant$15℃（冬季典型温度范围）。

将实验、直接数值模拟和理论建模研究的工况限制在 $T_{\mathrm{t}}=-10$℃，而改变上板处的过冷温度 T_{t} 的影响在定性上是可预测的，并且不会影响本研究中所发现的四种不同流动区间的存在性，仅有的影响是四种不同流动区间对应的温度范围以及水层内开始发生对流的临界下板加热温度的变化。假设上板过冷温度较低，如 $T_{\mathrm{t}}=-20$℃。在最终系统处于平衡状态时，如果冰层厚度与上板处于 $T_{\mathrm{t}}=-10$℃ 的工况相同，则水层中的传热热通量和上板处于 $T_{\mathrm{t}}=-10$℃ 的工况也相同，但是冰层的温差 $(T_{\mathrm{t}}-T_{\phi})$ 却比上板处于 $T_{\mathrm{t}}=-10$℃ 的工况高，即冰层内的温度梯度更高，传热速率更高。因此冰层内的传热速率高于水层内的传热速率，为达到传热平衡状态，冰层需要增厚以减小其内的传热速率，此时水层所对应的 Ra_{e} 减小，因此需要更高的下板加热温度才可以激发水层内的对流，即对流开始的临界下板加热温度升高。

利用实验结果作为标尺，以确保直接数值模拟能够捕捉自然对流与结冰过程耦合中涉及的物理机制的各个方面，即将实验结果作为模拟结果的验证。从 4.4 节中将可以看到，本研究从四种不同的流动区间中均选取典型工况进行了实验研究。直接数值模拟可以提供关于所研究系统的更详细信息，并且在数值模拟中改变控制参数的值比在实验中改变控制参数的值更方便、容易。因此，直接数值模拟的参数范围比实验的参数范围更广、更具系统性。

4.3　实验、数值模拟和理论建模结果对比

首先比较系统处于最终平衡状态的冰水界面的空间平均位置 h_0。在研究参数空间内，h_0 主要取决于系统下板的加热温度（但应注意，在真实的自然情况下，h_0 也可能受到其他因素的影响）。

图 4.7（a）是当系统达到统计平衡状态时，$T_\mathrm{b} \approx 8$℃ 工况下的实验照片。在相同的工况下，统计平衡状态的冰水界面的位置和水层内的温度场的三维模拟可视化如图 4.7（b）所示，可以看出实验和直接数值模拟结果的冰水界面的位置相似。随着下板温度 T_b 的变化，在较大的温度范围内系统处于平衡状态时的冰水界面的空间平均位置 h_0 如图 4.7（c）所示。根据 T_b 的不同，系统可能最终平衡在纯导热状态（图 4.7（c）的绿色阴影区域）或对流状态。实验（图 4.7（c）的黄色空心三角，图中简称“E”）、二维直接数值模拟（图 4.7（c）的黑色空心圆圈，图中简称“2D-S”）和三维直接数值模拟（图 4.7（c）的红色实心五角星，图中简称“3D-S”），以及考虑水密度反转特性的理论模型预测（图 4.7（c）中蓝色实线）的冰水界面的空间平均位置 h_0 相互吻合良好。

然而值得注意的是，当忽略水密度反转特性时，理论建模预测值却呈现不同的趋势（图 4.7（c）中的紫色实线和绿色虚线）：图中紫色实线来自于假设等压热膨胀系数 γ 是一个固定值，即 γ 为 T_b 的研究范围的平均温度（约 7℃）处的取值；实际上，γ 本身可以随温度变化，γ 可以取成温度的函数，故计算了图中绿色虚线所示的忽略水密度反转特性理论建模，即此时的 γ 是对流主体区的平均温度 T_mean 的函数，其中 $T_\mathrm{mean} = (T_\mathrm{b} + T_\phi)/2$。无论是紫色实线还是绿色虚线所示的忽略水密度反转特性理论建模预测值，理论建模对 h_0 的预测与实际值均呈现显著差异。上述结果表明，水密度反转特性所引起的重力稳定层和不稳定层共存确实对系统的平衡状态产生巨大的影响，涉及结冰问题时，由于温度范围包含水的密度最大值所对应的温度，密度反转对正确预测系统行为至关重要。

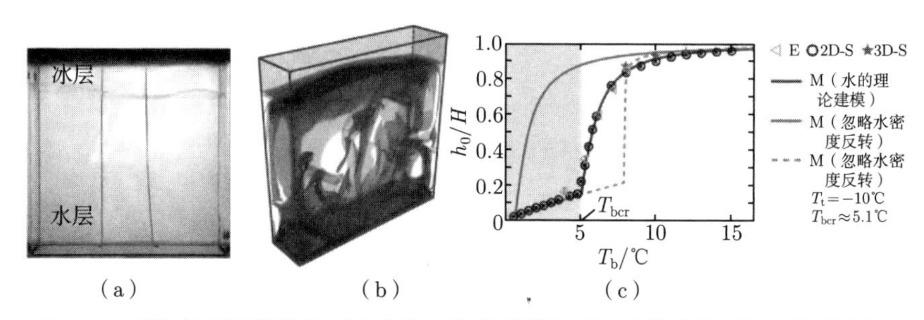

（a）（b）（c）

图 4.7 系统处于平衡状态时的实验、数值模拟和理论建模结果对比（前附彩图）

（a）实验结果；（b）三维直接数值模拟流场可视化结果；（c）归一化的冰水界面位置 h_0/H 随下板加热温度 $T_{\rm b}$ 的变化图

注：$T_{\rm t}$ =−10℃，$T_{\rm b}$ ≈8℃，系统均为上部冷却，下部加热，侧壁绝热状态；在图（b）中蓝色区域表示冰层，红色区域表示水层，图中相同颜色的曲面表示等温面；$T_{\rm bcr}$ 表示系统内对流开始的临界下板加热温度（在研究的参数空间内，$T_{\rm bcr}$ ≈5.1℃，从水的理论模型中进行预测的结果），超过 $T_{\rm bcr}$ 系统将处于对流状态。实验的误差棒（在三角形内，与三角形符号大小相当）来自测量误差；模拟的误差棒（在圆圈内）小于符号大小，表示二维直接数值模拟结果和三维直接数值模拟结果之间的最大差异。

作为标准，实验结果和二维及三维直接数值模拟结果的良好吻合进一步说明了直接数值模拟结果的可靠性，因此在下述讨论中，将主要通过二维模拟（三维数值模拟比较耗时，尤其是在系统处于纯导热状态时，系统内的演化十分缓慢）探索耦合动力学的复杂特性，以便更有效地在广泛的参数空间进行探索。

接下来，将关注系统内具体发生了怎样的物理过程。

4.4 冰生长与流体运动的耦合动力学：四种不同的传热与流动耦合机制

本节对宽参数空间内的直接数值模拟结果进行了细致观察，为揭示系统内具体发生了怎样的物理过程，本节将根据系统的平衡状态把参数空间（下板温度从低于 $T_{\rm c}$ 增加到高于 $T_{\rm c}$）分成四个不同的流动区间（regime）。

随着系统的热驱动强度的提升，存在四种不同的传热与流动耦合机制，为表述和图示的清晰性，首先进行如下说明：采用首字母缩略词来表征不同的传热与流动耦合机制，其中首字母缩略词的前两个字母指定系统水层内的热分层特征，可以是重力稳定层（stably-stratified，记为 SS）或重力不稳定层（unstably-stratified，记为 US）；首字母缩略词的第三个字母指定了热传输（和流体运动）的模式，它可以是纯热扩散（diffusion，记为 D）或对流（convection，记为 C）。

重力稳定层表示的是从空间平均 T_c 等温线所处的位置 h_4 到上板所在位置之间的水层，h_4 含义为：当 $z = h_4$，系统水平（平行于 x 轴方向）的空间平均温度为 T_c。重力稳定层的温度范围为 $T_\phi \sim T_c$，该层内的水密度随深度的增加而增加，因此该层在重力作用下趋向于保持稳定的状态。重力不稳定层表示的是从下板位置处到 h_4 处之间的水层，重力不稳定层的温度范围为 $T_c \sim T_b$，该层内的水密度随深度的增加而减小，因此该层在重力作用下趋向于产生流动。

那么系统平衡状态时的四种不同的传热与流动耦合机制分别为：①区间-1（Regime-1，记为 R-1）：SSD（$T_b \leqslant T_c$）且固-液界面处于平直状态；②区间-2（Regime-2，记为 R-2）：SSD+USD（$T_c < T_b \leqslant 5.1$℃）且固-液界面处于平直状态；③区间-3（Regime-3，记为 R-3）：SSD+USC（5.1℃ $< T_b \leqslant 6.9$℃）且固-液界面处于平直状态；④区间-4（Regime-4，记为 R-4）：SSD+USC（$T_b > 6.9$℃）且固-液界面发生了变形。

不同区间对应于不同的下板温度，在直接数值模拟中，为较准确地识别不同区间之间的温度阈值，在温度阈值附近进行了温度增量为 $\Delta T_b = 0.1\,\mathrm{K}$ 的更精细的直接数值模拟。图 4.8 集中展示了直接数值模拟结果中分别来自四种不同传热与流动耦合机制区间的典型图，分别展示了四个区间的冰水界面、稳定层和不稳定层之间不同的相互作用。

接下来将对这四种区间的传热与流动的细节进行讨论。

4.4.1 区间-1（Regime-1）

图 4.8（a）展示了该区间中的一个典型工况。系统从开始（见图 4.8（a）Ⅰ）到达到平衡状态（见图 4.8（a）Ⅱ），一直处于纯扩散传热的重力稳定分层状态，水层内不存在流动现象。图 4.8（a）Ⅲ 是表征系统中处于平衡状态时的热分层状态以及冰水界面形貌特征的示意图：冰水界面处于平直状态，这表明瞬时 0℃ 等温线与冰界面的空间平均位置始终处于重合的状态。温度在冰相和水相中呈线性变化，不同的斜率对应于冰

和水中不同的导热系数（图 4.8（a）Ⅳ）。

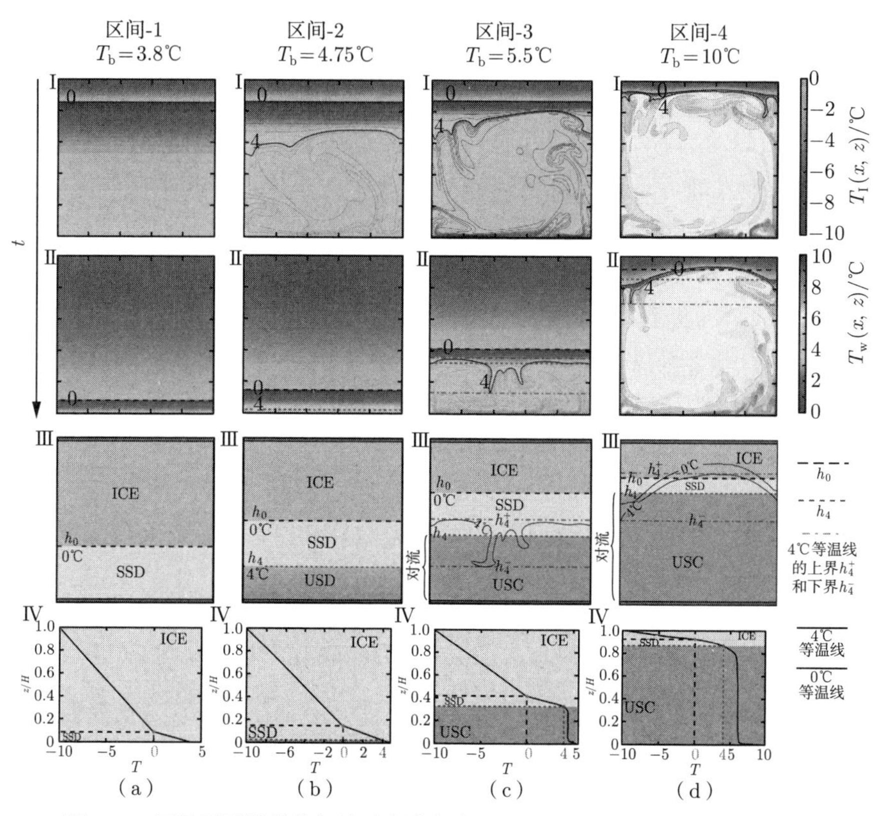

图 4.8　四种不同的传热与流动耦合机制：分别取自四个区间的典型工况（前附彩图）

（a）T_b = 3.8℃；（b）T_b = 4.75℃；（c）T_b = 5.5℃；（d）T_b = 10℃

注：（a）～（d）中的子图Ⅰ和Ⅱ表示典型工况的时间演化温度场；（a）～（d）中的子图Ⅲ表示系统处于平衡状态时的热分层特性模型图，其中相邻层（不同颜色区域）之间的界面（水平线）表示空间平均的位置，标有温度值的线为瞬态等温线；黑色虚线代表 h_0（平衡时的空间平均冰水界面位置）；蓝色虚线代表 h_4（平衡时的空间平均 T_c 等温线位置）；（a）～（d）中的子图Ⅰ，Ⅱ和Ⅲ中粗黑色曲线代表 0℃ 和 T_c 瞬时等温线；（a）～（d）中的子图Ⅱ和Ⅲ中点划线表示 T_c 瞬时等温线的空间最高位置水平 h_4^+ 和空间最低位置水平 h_4^-；（a）～（d）中的子图Ⅳ对应于四种典型工况平衡状态时的时空平均温度剖面。（a）～（d）中的子图Ⅲ和Ⅳ中蓝色区域、黄色区域和橙色区域分别表示冰（ICE）、稳定分层层（SS）和不稳定分层层（US）。为了使流动结构更明显，采取了两种处理方法：①在冰相和水相中分别采用不同的两套配色方案（见（d）图右侧的两个色条，分别对应冰内温度 $T_I(x,z)$ 和水内温度 $T_w(x,z)$）；②在（a）～（d）的温度场中展示更多的等温线，可以使得冷羽流和热羽流结构更明显。

4.4.2　区间-2（Regime-2）

当下板温度升高，重力不稳定分层出现在重力稳定分层的下方（见图 4.8（b）Ⅲ 中的黄色区域）。在 $T_b > T_c$ 的温度区间，为了事先知道系统演化的瞬态和最终平衡状态下的传热状态（扩散或对流传热状态），需要借助于 Ra_e（在 4.2.2 节中也曾介绍），Ra_e 基于重力不稳定分层的厚度和温差，其定义为[81]

$$Ra_e = \frac{(\Delta\rho/\rho_0)g(h_4)^3}{\nu\kappa} = \frac{g\gamma^*(T_b - T_c)^q(h_4)^3}{\nu\kappa} \tag{4.37}$$

由于初始条件的设定（见 4.2.3 节），系统在模拟初期处于重力不稳定分层，且存在对流流动。对流开始，T_c 瞬态等温线发生变形（见图 4.8（b）Ⅰ），此时的 $Ra_e \sim 10^8 \gg Ra_{cr} \approx 1708$（$Ra_{cr}$ 通过线性稳定性的理论分析得来，且其有效性已在诸多文献中进行了证明[25,203-204]）。

随着冰的生长，h_4 被压缩，Ra_e 随之减小。尽管系统内同时存在重力稳定层（SS）和不稳定层（US）。最终，系统平衡在纯热扩散状态（D），即整个水层为 SSD+USD。US 层的 Ra_e（约为 10）小于 Ra_{cr}，这也解释了 T_c 瞬态等温线最终变得平直的原因（见图 4.8（b）Ⅱ），相应的系统平衡状态时的热分层构型如图 4.8（b）Ⅲ 所示。冰层和水层均处于线性温度分布的纯热扩散状态（见图 4.8（b）Ⅳ），这种温度分布特征类似于区间-1。

4.4.3　区间-3（Regime-3）

当 T_b 处于区间-3，流体层具有丰富的流体动力学特性。系统最终稳定在 $Ra_e \sim 10^5$ 的对流状态（见图 4.8（c）Ⅱ）。从图中可以看到在下板处形成的热羽流：它们在产生后不久就从下板分离；羽流积聚并成为相干羽流结构，在与周围流体进行热交换的同时，这些羽流在水层的下半部分上升；如果将重力不稳定层看成是经典的 RB 对流系统（温差为 $(T_b - T_c)$ 的刚性对流系统），那么这些羽流随后会穿过位于平直的 T_c 等温线下方的冷边界层，并释放大部分能量、减速停止。然而，在重力稳定层和不稳定层的耦合系统中，经典系统中的冷边界变成此处的自由边界，因此羽流束可以冲击 T_c 瞬态等温线，从而使其发生变形（见图 4.8

（c）Ⅱ 中的粗黑线）。从 T_c 瞬态等温线的空间平均高度 h_4 到其空间位置的最高水平 h_4^+ 之间的区域属于重力稳定层，但也存在一些温度大于 T_c 的来自不稳定层的较暖流体斑块。由于质量守恒，相同数量的来自重力稳定层（温度小于 T_c）的流体斑块下降到 h_4 的水平以下（即该区域从 T_c 瞬时等温线空间位置的最低点的水平 h_4^- 到 h_4 之间的向下冷羽流，见图 4.8（c）Ⅲ）。处于区间-3 时，水层内以对流为主，因为当前状态下 $Pe = 10^2 \sim 10^3 \gg 1$（$Pe$ 表示对流相对于扩散的相对重要性，定义为 $Pe = lU/\kappa$[211]，其中 U 是特征速度，取为浮力驱动的热对流中修正后的自由落体速度（free fall velocity），$U = 0.2\dfrac{\nu\sqrt{Ra \cdot Pr}}{h_4}$；$l$ 基于不稳定层厚度，$l = h_4$）。

换句话说，由于水的密度反转特性，从全局来看，系统内存在扩散传热模式的稳定层（SSD，从 h_4 到冰水界面的空间平均高度 h_0）和具有对流传热模式的不稳定层（USC，从下板到 h_4）；从瞬态演化来看，由于存在羽流束对 T_c 瞬态等温线的冲击效应，T_c 瞬态等温线的变形表明 SSD 和 USC 之间存在强烈的流体交换。由于 SSD 的保护作用，水层内仍然存在一个水平的流体层，该层内的温度完全小于 T_c（即从 h_4^+ 到 h_0 的位置之间的区域，见图 4.8（c）Ⅲ），因此在区间-3，冰水界面仍然保持平直状态，并未受到对流运动的影响。整个水层中的温度分布不是线性的（见图 4.8（c）Ⅳ）。从 h_4^- 到 h_4^+ 位置之间的区域存在很多羽流束，这层流体区域存在剧烈的掺混效应，温度剖面也反映出湍流流动所带来的剧烈流体掺混：温度梯度主要存在于对流区域的上下边界层，在对流主体区存在一个温度几乎均匀的混合区，这和传统 RB 对流系统中的冷、热边界层和流体充分混合的对流主体区的构成[27] 相同。

4.4.4 区间-4（Regime-4）

当进一步增加 T_b 到 6.9℃ 以上时，系统从开始（见图 4.8（d）Ⅰ）到最后的平衡状态（见图 4.8（d）Ⅱ），水层均处于对流状态。T_c 瞬时等温线的空间位置最高水平 h_4^+ 甚至高于冰水界面位置空间平均水平 h_0，这也就说明冰水界面处的热边界层因羽流的强烈冲击而减薄（被压缩）。来自下板的热羽流撞击冰水界面，在撞击区域，冰接收额外的能量而融化形成凹向上板的曲面。同时，冷羽流生成于冰水界面，冷羽流的脱离区冰厚度较厚。从水平平均的角度来看，冰面附近不存在流体温度完全小于 T_c 的水平重力稳定层，冰面失去水平重力稳定层的保护而受到湍流热对流运动的影响。由于强烈的湍流羽流，T_c 瞬态等温线呈现出强烈的空间波动，这也导致冰面局部的融化或生长。当系统达到平衡状态时，水层中存在一个空间范围非常广的重力不稳定区，其内部进行着剧烈的湍流热对流（USC，见图 4.8（d）Ⅱ）。水层中的温度分布与区间-3 相似，但水层厚度更厚，冰层更薄。水层中热边界层具有不对称特征，这与传统的 RB 对流中的对称温度分布不同，该特性在 Toppaladoddi 等[147] 的研究中也曾发现，Toppaladoddi 等在 $Pr = 1$（与本研究所使用的数值 $Pr \sim 10$ 不同）时研究了穿透对流（不存在相变），在他们的工作中，所发现的热边界层的不对称特征（文献 [147] 中的图 9-11）与当前研究的区间-3（图 4.8（c）Ⅳ）和区间-4（图 4.8（d）Ⅳ）的水层内温度分布特征相似。

4.4.5　四种不同的传热与流动耦合机制小结

综上所述，由于重力不稳定层厚度的变化，扩散和对流的传热模式甚至可以在演变过程中动态切换，因此，系统可能最终处于扩散或对流的传热状态，这取决于最终的 Ra_e（随 T_b 变化）。接下来，将从更定量的角度分析系统的冰动力学特征。

在区间-3 和区间-4 中，冰水界面、羽流和重力稳定分层的强烈掺混区域及重力不稳定层之间的复杂相互作用导致 T_c 和 T_ϕ 等温线在一个空间范围内的波动（图 4.9 中的黑色阴影区域和红色阴影区域）。然而，该系统的整体响应，即冰水界面的空间平均位置 h_0 及水平平均温度为 T_c 的位置 h_4 仍可以用水的一维理论建模进行合理预测（除了区间-3 和区间-4 略有偏差，这主要是因为这两个区间的重力不稳定层内高度的湍流程度）。冰水界面和 T_c 等温线互为依附并相互调整，从而形成自组织的大尺度环流流动，这种流动效应在区间-4 表现尤为显著。上述因素的整体效应塑造了冰水界面的形貌特征（图 4.8（d）Ⅱ）。

最后，将上述四种不同的传热与流动耦合机制的分层模式、稳定状态以及冰面形貌特征总结如表 4.2 所示。

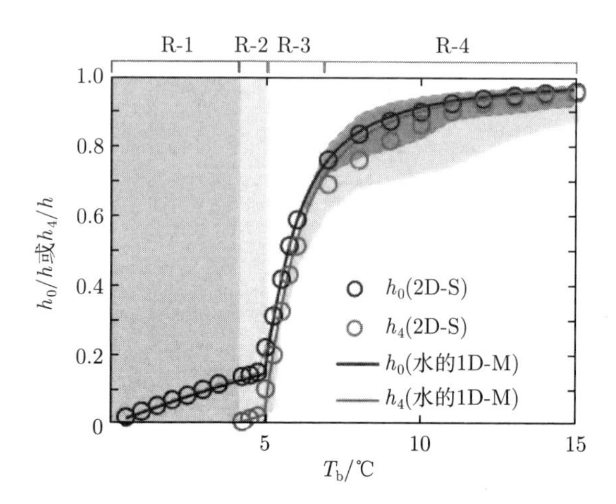

图 4.9 理论模型预测系统稳定态全局参数和具有空间波动的直接数值模拟结果的比较（前附彩图）

注：模拟结果的空间平均值用圆圈表示；模拟结果的空间波动用阴影区域表示：黑色阴影区域和红色阴影区域分别表示瞬时冰水界面和 T_c 等温线的空间波动。在区间-4 中，T_b（Ra_e）较高，由于不同层之间的强烈相互作用，对 h_4 的预测与理论模型略有偏差。

表 4.2 四种不同的传热与流动耦合机制的分层模式、稳定状态和冰面形貌特征

区间	1	2	3	4
分层模式	SSD	SSD（上层）和 USD（下层）	SSD（上层）和 USC（下层）	SSD（上层）和 USC（下层）
稳定态	导热	导热	对流	对流
冰面形貌	平直	平直	平直	变形

注：“上层”和“下层”表示水层中的位置；区间-1，2，3，4 所处的温度区间依次增加。

4.5 冰层生长的动力学特征

重力稳定分层和不稳定分层之间的耦合作用在确定冰层的最终平衡厚度及达到平衡状态所需的时间方面起着重要作用。本节引入平衡时间 t^*，t^* 定义为冰厚度达到最终统计平衡状态厚度的 90%所需要的演化时间。

在演化的初期阶段，冰层内的纯导热传热模式占主导地位，这主要是因为演化初期，冰层才开始生长，故冰层的整体平均厚度仍处于较薄的水平，从而在冰层内建立了很大的温度梯度，相应的导热热通量较大，这个阶段主要表现为冰层的快速增长。这种以热传导为主的初期演化阶段，即使水层中存在对流（如在区间-3 或区间-4），冰层的空间平均厚度也会呈现出扩散生长的趋势，即 $(h-h_0)/h \propto t^{0.5}$ （图 4.10 ）。

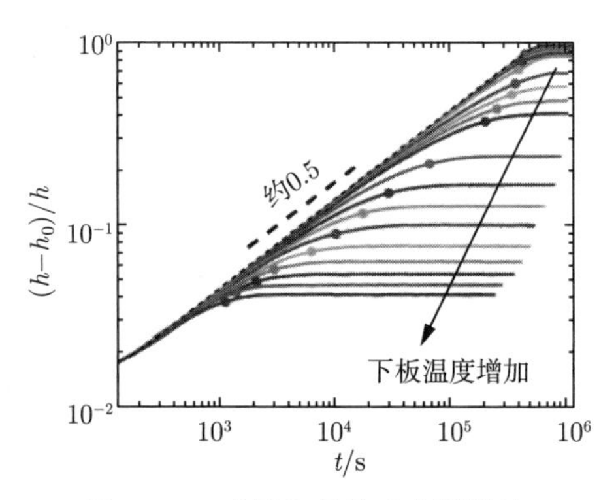

图 4.10　冰层生长的动力学特性

注：不同下板加热温度 T_b 时的归一化空间平均冰厚度 $(h-h_0)/h$ 的时间演化，$T_\mathrm{t}=-10$℃，0.5℃$\leqslant T_\mathrm{b}\leqslant$15℃；箭头表示增加 T_b 的方向，实心圆圈表示系统平衡时间 t^*。

随着冰厚度的不断增加，水层中的对流流动延缓了冰的生长，使其偏离初期的扩散生长模式。平衡时间 t^* 与下板的加热温度的关系如图 4.11 所示，从图 4.11 中可以看到直接数值模拟结果（空心三角）和实验结果（实心方框）的趋势吻合良好（二者之间的细微差异可能是由实验中的初始条件建立时没有保证全场温度的均匀性所致）。进一步地，将理论建模的预测结果与直接数值模拟和实验结果进行对比，发现除了在区间-2 和区间-3 表现出略微的差异外，均表现出良好的一致性。这可能是因为在这两个区间重力稳定层和不稳定层强度相当，因此相互竞争、相互耦合，尤其在区间-3，系统最终达到平衡状态时稳定层和不稳定层共存，这和区间-4 的平衡状态不同，后者在平衡状态时，对流流动主导，冰面附近已经不存在流体温度完全小于 T_c 的水平重力稳定层，冰面也因失去水平重力稳定层的保护而受到湍流热对流运动的巨大影响；此外，重力稳定层和不稳定层的共存导致有效对流区（对应于重力不稳定分层的区域）小于整个水层深度，这也可能是造成差异的原因。

上述研究结果揭示了下板加热温度对结冰时间的重要影响。系统平衡时间的尺度在研究的参数范围内呈现巨大差异。例如，当下板从 $T_\mathrm{b}=$

0.5℃ 增加到 $T_b = 15℃$ 时，平衡时间可以在几天到几小时的范围变化。另外，本研究使用恒定的上板冷却温度（$T_t = -10℃$）作为一个典例，应注意的是，在真实的自然情况下，结冰动力学也可能受到冷却条件、整个水层深度和其他因素的影响，本研究中所建立的模型可以经过适度的推广以适用于较一般的情况。

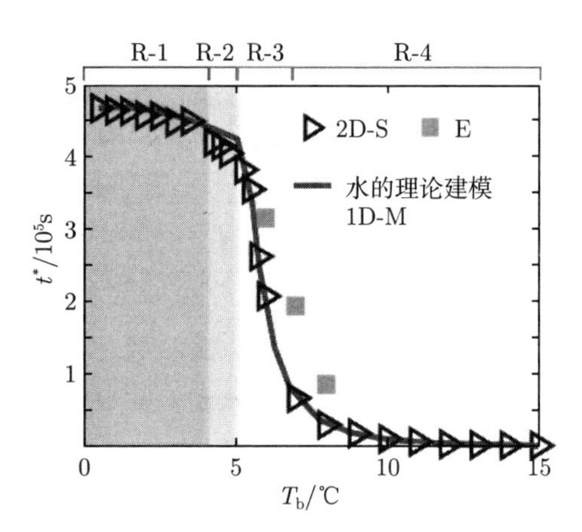

图 4.11 系统平衡时间 t^* 随不同下板加热温度 T_b 的变化趋势（前附彩图）

4.6 本章小结

通过将实验、理论建模预测及直接数值模拟相结合的手段，本章系统地研究了在不同程度的热分层下流动和冰生长之间的耦合动力学，并揭示了在涉及水的固-液相变过程时，考虑水的密度反转特性对于正确预测系统的演化行为具有重要意义。考虑水的密度随温度的非单调变化，并结合已知湍流热对流的标度律理论[27]，水的理论建模预测结果与实验、直接数值模拟结果符合良好。

根据系统热驱动条件的不同，本章发现了四种不同的传热与流动耦合机制，每个流动区间的平衡状态呈现出不同的流体分层模式、稳定状态及冰形貌特征。

当冰水界面存在水平分布的连续重力稳定分层区域的保护（区间-1，区间-2 和区间-3），即使水层内存在重力不稳定分层区域，不论该区域是处于热传导模式（区间-2）还是处于热对流模式（区间-3），冰面最终在平衡时呈现出平直的状态；当系统处于高度湍流化的区间（区间-4），水层内存在羽流和冰面的复杂相互作用，冰水界面发生剧烈的形变，这表明冰层的某些局部位置较薄，如果是表面漂浮有冰层的河流或湖泊，这些局部冰层较薄的位置或可提供除冰的突破点信息，这些信息对于冬季为水道除冰、疏浚，保证货运系统的正常运行非常重要。另外在海上的石油开采工作中，能否有效去除冰层对于石油开采效率、成本等方面具有重要影响。

此外，本章还发现在中等程度的湍流（区间-2）或无流动工况（区间-1）下，理论模型可以很好地预测平衡状态下的时空平均冰层厚度，这表明考虑密度反转特性后，理论模型具有较高的稳健性。

冰生长初期，冰层呈现出由纯导热控制的扩散式生长，水层内即使存在流动，其对冰生长的影响也较小；冰生长后期，水内对流运动占据主导地位，此时冰厚度的生长逐渐偏离扩散增长规律，且下板加热温度越高，冰生长越早偏离扩散式生长。系统的热驱动力强度对结冰达到平衡的时间影响较大，在研究的参数范围内，该时间可在几小时到几天的范围变化。当然，结冰的时间取决于特定的系统参数，在各种真实的自然环境中，其参数空间和本研究所涉及的参数范围不可避免存在差异，但是本研究所采用的方法：基于可控实验、完全解析的直接数值模拟及可以捕捉系统重要行为的理论建模分析，为相关的研究提供了很好的方法借鉴，并且研究所揭示的机理可以针对具体的问题进行合理推广，从而对相应的结冰时间尺度进行预测。

不同的环境条件可以调整平衡时所处的状态（包括热分层和冰水界面形貌特征）及系统达到平衡所需要的时间，这就说明即使在无剪切（如外加风力场）条件下，在分析冰水界面的动力学特性时也需要考虑湍流的影响。本章的研究所揭示的物理机制为自然对流与结冰过程耦合的动力学研究和流动结构研究提供了更深刻的思路和见解。

第 5 章　水相变平衡状态冰-水界面形貌及其形成的物理机制

在第 4 章对不同程度热分层下热对流和结冰过程耦合动力学研究的基础上，本章通过实验手段结合直接数值模拟方法，研究了自然对流和水相变耦合系统平衡态冰水界面形貌特征，并通过理论建模手段解释形成冰水界面形貌特征的物理机制。本章实验和直接数值模拟的研究仍聚焦于 RB 对流系统，以水作为工作液体，并通过控制系统边界条件的温度使工作液体发生相变。研究发现，影响平衡态冰水界面形貌特征的主要因素是系统中存在沿着冰水界面向上发展的冷羽流，这种冷羽流的产生归因于水的密度反转特性及其所导致的两个相互竞争的旋转方向相反的对流涡。冰水界面形貌的具体形式取决于两种物理机制：一是热浮力驱动力强度的影响，即驱动热对流运动的冷、热边界所处的温差；二是系统的温度梯度和重力方向的夹角，即系统的倾斜角度。本章对这两种物理机制分别进行了讨论，通过建立边界层模型和浮力强度模型，对冰水界面的主要形貌特征进行解释和预测。

5.1　研究目的

湍流热对流和水的固-液相变过程的耦合行为在自然界中广泛存在，在工业应用中具有很强的相关性[18,21,134-135,212]。一般来说，系统所处的温度梯度和重力矢量的方向并不平行，它们之间存在一定的角度且该角度在决定冰水界面形貌特征和系统的全局热输运性能方面起着重要的作用。例如，湖泊和河流的表面结冰、漂浮的冰体（如冰山）、从陆地延伸到水域的冰体（如冰架），以及储能技术中凝固的应用等[14,213-217]。对于水而言，固-液相变、湍流热对流和密度反转特性及其所导致的不同程度的热分层特性等的耦合，对冰水界面形貌特征及其背后所蕴含的物理机制的研究带来了众多难点：水层在不同程度的热分层条件下的流动结构有巨大差异，多种过程共同耦合作用，形成丰富、多变的冰水界面形貌特征[87,92,136-138,147,149,169,197,218-219]。

近年来，许多研究致力于探索不同系统倾斜角度下的对流与热分层/相变之间的相互作用。在穿透对流[136]方面，有研究发现由于密度随温度的非线性变化趋势，流体系统的倾斜角度会导致流体内本身存在的热分层效应被打破[220-221]。其他研究人员则利用相变材料（密度随温度呈线性变化趋势）探索了相变和湍流热对流的耦合动力学[85,222-224]，他们发现了丰富的固-液界面形貌特征，但是对其背后的物理机制探索不足。第 4 章中已经证明水密度反转效应对结冰过程动力学和流动结构有很大影响。然而，在基于水且考虑其密度反转特性的自然对流背景下，具有倾斜角度时系统的传热特性会发生怎样的变化？影响平衡态时冰水界面复杂形貌特征的物理原因有哪些？能否通过流体力学建模解释并预测冰水界面形貌的重要特征？这一系列问题都需要进一步探索。

5.2 研究方法

本章将通过实验的手段探索并发现新的自然对流和固-液相变耦合系统平衡态的冰水界面形貌特征；以实验结果作为基准，辅以直接数值模拟手段与实验结果进行一对一的比较分析，并进行更宽参数范围的系统平衡态冰水界面形貌特征的探索，揭示水层内的流动结构；通过理论建立流体力学模型解释并预测形成冰水界面重要形貌特征的物理机制。

本节主要对所运用的研究方法进行介绍，其中部分实验装置及直接数值模拟原理和第 4 章的相应部分内容有重合，相同部分本章将不再赘言，接下来仅对存在差异的部分进行介绍。

5.2.1 实验方法：可调节倾角两相热对流结冰-融冰实验平台

为了研究系统处于不同倾斜角度时水的固-液相变和自然对流的耦合效应，需要令实验对流槽能够安全、稳定地处于不同倾斜角度 β，β 定义为加热板与水平方向的夹角，变化范围为 0° ~ 180°。

如图 5.1（a）所示，x-z 坐标系固定在对流槽，即坐标系跟随对流槽旋转，x 轴方向永远平行于加热板的方向，z 轴方向永远由加热板垂直指向冷却板。基于 4.2.1 节所介绍的两相热对流结冰-融冰实验平台基础上进行适当改进：将一个宽型铝型材竖直固定在光学平台，将倾斜的对流槽斜靠在竖直铝型材上，利用一块形状规则的长方体形状的木块顶住对流槽的加热板，通过左右移动木块，以达到控制系统倾斜角度的目的。为了保证制冷设备（温度控制系统）可以有效安装并控制温度，搭建了小型铝型材框架，并将对流槽放置在其上，具体构型的简图如图 5.1（b）所示。

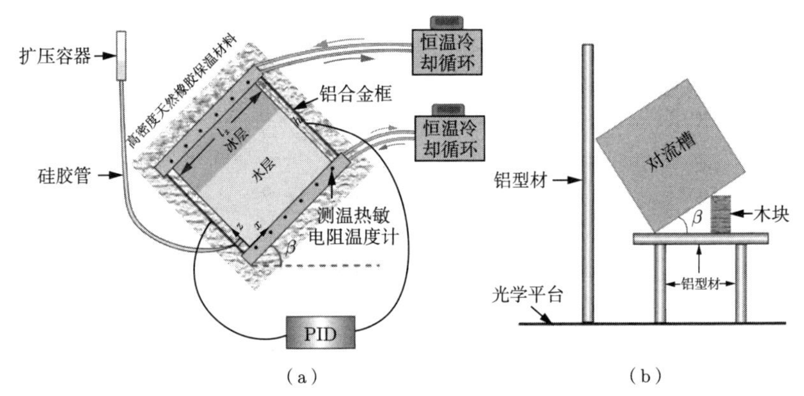

图 5.1　可调节倾角两相热对流结冰-融冰实验平台

（a）可调节倾角两相热对流结冰-融冰对流槽及其附属结构；（b）控制系统倾斜角度具体构型简图
注：对流槽主要包括上板、侧壁和下板三个部分，附属结构包括扩压容器及其连接管、恒温冷却循环、温度控制系统（PID 系统）、测温热敏电阻温度计、高密度天然橡胶保温材料等。

实验中所使用的工作液体为超纯水（无杂质、有机物和矿物质微量元素等，$Pr \approx 11$）。在实验开始之前需要对工作液体进行脱气处理。

与实验平台相关的其他方面，如扩压容器及实验中冰厚度的计算、温度控制系统及温度测量系统、工作液体的密度与温度的非单调关系式等，均与第 4 章所介绍的相关部分相同，此处不再重复介绍。

5.2.2　直接数值模拟方法

直接数值模拟方法基于 CH_4-PROJECT 代码[225]，该代码采用 LBM 算法描述流体和温度动力学特性，并采用焓方法描述冰的演化[78,156,158-159,208,226]，其基本原理与 4.2.3 节所介绍的内容相同，此处不再赘言。

与第 4 章类似，在实验和模拟中将 T_t 固定在 -10℃（该设定的具体理由见 4.2.4节），使用的 T_c 温度附近水的密度 ρ 和温度 T 之间的非线性关系式仍为[209]

$$\rho = \rho_\mathrm{c}(1 - \gamma^*|T - T_\mathrm{c}|^q) \tag{5.1}$$

式中：$\rho_\mathrm{c} = 999.972\,\mathrm{kg\cdot m^{-3}}$；$\gamma^* = 9.30 \times 10^{-6}(\mathrm{K}^{-q})$；$q = 1.895$。

在直接数值模拟中，测量局部冰厚度信息 $H_\mathrm{i}(x,t)$ 和空间平均的冰厚度信息 $H_\mathrm{i}(t)$，这两个参数均为无量纲数据（通过整个流体研究域的冷、热边界的距离进行归一化，$H_\mathrm{i} = 1$ 表示整个研究域全部是冰层）。

5.2.3　建立流体力学理论模型

为探究系统平衡状态时影响冰水界面复杂形貌特征的物理机制，本节将进行流体力学理论建模，解释并预测冰水界面重要形貌特征的物理机制。

本节主要建立了两个流体力学模型：一是基于经典的边界层理念结合能量守恒原理，建立边界层模型解释及预测 VC 系统（系统倾斜角度 $\beta = 90°$ 时的工况）冷羽流产生及发展阶段冰水界面形貌特征，并合理推广到较宽参数区间以揭示并预测不同系统倾斜角度下的冰水界面形貌特征；二是基于浮力驱动的强度建立浮力强度模型解释冰最厚处的位置信息，通过观察实验和数值模拟结果，发现冰层存在最厚的地方，最厚冰层位置的出现是两个旋转方向相反的对流涡相互竞争的结果，通过对两个对流涡的浮力强度进行估计，得到浮力驱动强度模型。具体的建模过程将结合具体实验和直接数值模拟结果进行详细介绍。

5.3　影响冰形貌的物理机制 1：热浮力驱动力

本节将研究的工况固定在 VC 系统（系统的倾角为 $\beta = 90°$，冰从左侧竖直边界处形成，右侧竖直边界处为加热边界条件），仅改变系统的不同加热条件 T_b。

5.3.1 垂直对流实验和直接数值模拟结果对比

本节首先比较了系统处于不同加热条件时的平衡状态冰水界面形貌特征（图 5.2 ）。

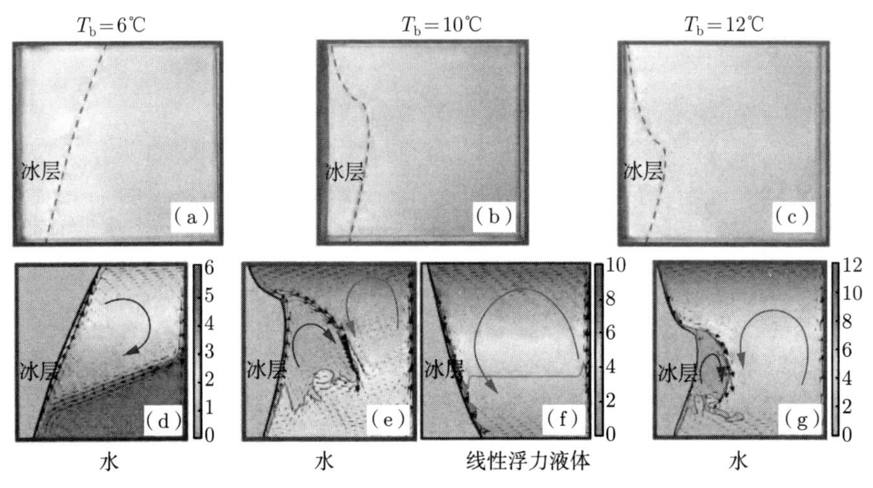

图 5.2 垂直对流系统中冰水界面形貌比较（前附彩图）

（a）、（b）和（c）表示实验结果；（d）、（e）和（g）表示相应的直接数值模拟结果；（f）表示线性浮力液体的模拟结果

注：加热条件分别为：（a）和（d）中 $T_b = 6$℃，（b）和（e）中 $T_b = 10$℃，（c）和（g）中 $T_b = 12$℃。作为比较，也进行了 $T_b = 10$℃ 工况的忽略密度反转特性的直接数值模拟，即取密度是温度的线性函数，其数值模拟结果如（f）所示。（d）、（e）、（f）和（g）中展示的是着色温度场并叠加速度矢量场图，T_ϕ 等温线由黑色实线表示，T_c 等温线由红色实线表示，速度矢量由黑色箭头定性表示，红色和蓝色的粗箭头分别表示由热羽流和冷羽流所形成的对流涡。

图 5.2（a）～ 图 5.2（c）分别是 $T_b = 6$℃，10℃，12℃ 的实验结果。考虑密度反转特性的相应模拟结果如图 5.2（d），图 5.2（e）和图 5.2（g）所示，直接数值模拟结果与实验测量结果吻合良好，这表明直接数值模拟确实能够正确描述系统的行为。随着 T_b 的增加，冰水界面的形态显示出巨大的差异性。这种差异性主要是由于水的密度随温度非线性变化特性导致水层内存在两个旋转方向相反的对流涡，以密度反转温度 T_c 等温线为分界，一个对流涡来自加热板处脱离的热羽流（图 5.2（d），图 5.2（e）和图 5.2（g）中的红色箭头所示），其处于较高的平均温度范围（从 T_c 到 T_b）；另一个对流涡来自冰锋面处脱离的冷羽流（图 5.2（d），图 5.2（e）和图 5.2（g）中的蓝色箭头所示），其处于

较低的平均温度范围（从水的固-液相变温度 T_ϕ 到 T_c），这两个对流涡相互竞争导致不同的冰水界面形貌特征。

对流涡的流动强度可以通过改变 T_b 来调整。当 $T_b = 6$℃时（图 5.2（a）），整个冰锋面被向上发展的冷羽流及其自组织所形成的平均温度较低的对流涡所保护，热羽流所形成的对流涡被隔离在冰水界面之外且处于 VC 系统的较下部的位置。相应地，系统的水层内左上部由冷羽流所形成的对流涡所控制，水层的右下部由热羽流所形成的对流涡所主导。整体而言，水层由下至上平均温度逐渐降低，故冰的厚度由下至上呈现增加的趋势，因此可以看到此时的冰处于倾斜但仍保持平直的状态（见图 5.2（a）和图 5.2（d））。

随着 T_b 增加到 10℃，冰层厚度的空间分布变得非常不均匀。由于受到沿着冰面向上不断发展的冷羽流的保护，冰层由下至上逐渐增厚，而在冰层的最上部，热羽流所形成的对流涡强度的增大使得原本向上发展的较冷对流涡受阻而被压缩；热羽流从下板处脱离后向上运动，直到受到上部侧壁面的阻碍而转向，随后热羽流主要分布在 VC 系统的上半部分并对冰面形成撞击，由热羽流带来的额外热量使得冰层的最上部最薄。

更进一步地，当 T_b 更高时（如图 5.2（c）和图 5.2（g）所示），逆时针方向旋转的较热对流涡强度更强，因此它能够使顺时针方向旋转的较冷对流涡被剧烈压缩，并使其限制在紧贴冰面的较小的空间区域内，此时的冰层空间平均厚度变薄，但冰水界面形貌特征与 $T_b = 10$℃ 的工况相似，只是冰层最厚处所对应的位置略有不同。

作为对比，也选取了 $T_b = 10$℃ 的工况进行了忽略密度反转特性的直接数值模拟，即取密度是温度的线性函数，其结果如图 5.2（f）所示。水层内的对流涡流动结构和冰水界面形貌呈现出不同的趋势：只存在一个对流涡，冰层整体处于平直状态且顶部较薄、底部较厚。这种特征和处于相同运行条件下的水的实验和模拟结果有很大不同（比较图 5.2（e）和图 5.2（f）），这进一步表明，在存在自然对流的冰形成过程中，由密度反转特性所形成的两个旋转方向相反的相互竞争的对流涡对于正确描述系统行为至关重要，甚至对冰形貌特征起到决定性作用。

5.3.2 解释垂直对流中冰的局部形貌特征：边界层模型

为了更好地理解系统处于平衡状态时冰水界面的形貌特征及其物理机制，引入一个流体力学模型，该模型基于沿冰水界面存在一个不断发展的热边界层的理念。

当系统达到平衡状态时，冰水界面处水的凝固和冰的融化达到动态平衡，在宏观上表现出冰的空间平均厚度不再发生变化（系统达到统计稳定状态的判定标准与 4.2.3 节一致），通过冰层的热通量和通过附着在冰层的热边界层的热通量之间存在局部平衡关系。热通量的强度可以通过考虑冰层和边界层的传热温度差异以及具体几何结构来进行估算，其理念如图 5.3 所示。

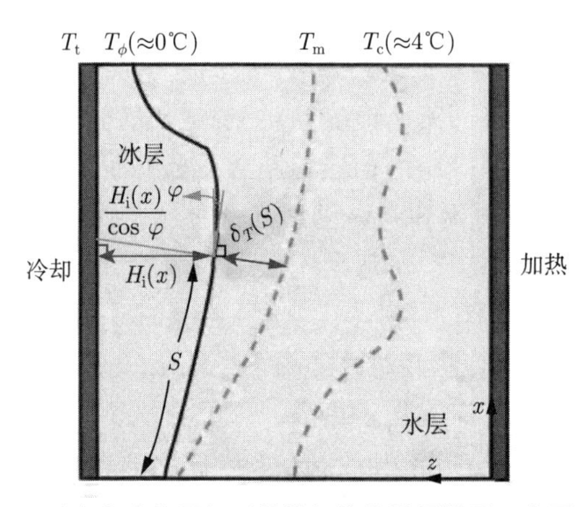

图 5.3 垂直对流中冰的局部形貌特征的边界层模型示意图（前附彩图）

在冷羽流产生及发展阶段，冰锋面曲率较小，平板边界层理论仍成立，微小曲率所带来的唯一影响是几何上的：原平板边界层的流动方向 x 轴变为沿着冰-水界面发展的曲线坐标 S，原平板边界层的流动垂直方向 z 轴变为垂直于冰-水界面指向系统冷却边界的方向。引入的曲线坐标 S 用于测量从 $x=0$ 位置的边界点开始的冰锋面的长度，并通过弧长公式 $S(x)=\int_0^x\sqrt{1+\left(\frac{\mathrm{d}[H_\mathrm{i}(\xi)]}{\mathrm{d}\xi}\right)^2}\mathrm{d}\xi$ 与冰的局部厚度联系在一起。

至此，可以将垂直于冰锋面方向的热流平衡表示为

$$k_\mathrm{i}\frac{(T_\phi-T_\mathrm{t})}{H_\mathrm{i}(x)/\frac{\mathrm{d}S(x)}{\mathrm{d}x}}=k_\mathrm{w}\frac{(T_\mathrm{m}-T_\phi)}{\delta_T[S(x)]} \tag{5.2}$$

式中：k_w 和 k_i 表示水和冰的导热系数；$(T_\phi - T_\mathrm{t})$ 是冰层中的导热温差；$H_\mathrm{i}(x)/\dfrac{\mathrm{d}S(x)}{\mathrm{d}x}$ 是垂直于冰锋面方向上的冰厚度。

估算水中的热通量需要进一步的假设。首先，认为在冰锋面附近的热边界层的热传输在垂直于冰面的方向是纯导热，这个假设是合理的，因为当 $Pr \gg 1$，热边界层始终嵌套在黏性边界层内部，热边界层内部的流动始终是沿着冰锋面的层流流动[37]。

其次，认为冰锋面附近 T_ϕ 到 T_c 温度范围的冷对流涡区域（图 5.2（d），图 5.2（e）和图 5.2（g）中蓝色箭头所示对流涡区域）可以分成热边界层（图 5.3 中黑色实线和红色虚线之间的区域）和对流的主体区（图 5.3 中红色虚线和绿色虚线之间的区域），二者的边界为 T_m 等温线，$T_\mathrm{m} = (T_\phi + T_\mathrm{c})/2$，即冰锋面附近的热边界层的温差为 $(T_\mathrm{m} - T_\phi)$。

最后，假设热边界层厚度 $\delta_T(S)$ 沿冰锋面发展变化，其生长规律类似于发展的竖直热边界层，即 $\delta_T(S) = C_1(S + C_2)^{1/4}$ [227-229]，其中包括两个无量纲参数 $C_1 = c\,\{g[1 - \rho(T_\mathrm{m})/\rho_c]/(\nu\kappa)\}^{1/4}$ 和偏移量 C_2，c 是比例常数（$c \approx 5\ \mathrm{m}^{3/4}$，$c$ 有单位 $\mathrm{m}^{3/4}$ 以使 C_1 无量纲化）[227-229]；引入偏移量 C_2 主要是因为 $x = 0$ 处的非零边界层厚度（和传统的外掠平板边界层从厚度为 0 开始发展不同），$C_2 = H_\mathrm{i}(0)[k_\mathrm{w}(T_\mathrm{m} - T_\phi)]/[k_\mathrm{i}(T_\phi - T_\mathrm{t})]/{C_1}^{1/4}$，$x = 0$ 处的冰厚度 $H_\mathrm{i}(0)$ 作为输入参数（对于同时进行了实验和直接数值模拟的情况，$H_\mathrm{i}(0)$ 取实验中所得到的数值，其余情况则取从直接数值模拟结果所得到的数值，见图 5.4，随 β 的变化 $H_\mathrm{i}(0)$ 基本不变，约为相应工况下的空间平均冰层厚度 H_i）。由于系统的侧壁是绝热的，$\dfrac{\mathrm{d}H_\mathrm{i}}{\mathrm{d}x}|_{x=0} = 0$ 是额外的已知条件。

通过上述分析，式 (5.2) 变成了一个积分-微分方程，该方程可以用数值方法求解，从而得到冰层的局部厚度 $H_\mathrm{i}(x)$ 演化（即冰水界面的轮廓）。

图 5.5 展示了边界层模型预测结果与实验和直接数值模拟结果的比较。可以看到，在冰锋面处的冷羽流生成和发展的区域，三者结果达到了较好的一致性。冰锋面顶部的结果偏差主要由于：沿着冰锋面发展的热边界层内的流动在顶部受到热羽流对流涡的冲击，热边界层的发展被限制，因此略微偏离边界层的理念，这也可以通过图 5.2（a），图 5.2（b）

和图 5.2（c）中蓝色箭头所示的冷对流涡和图 5.2（d），图 5.2（e）和图 5.2（g）中红色箭头所示的热对流涡的空间构型所证实。

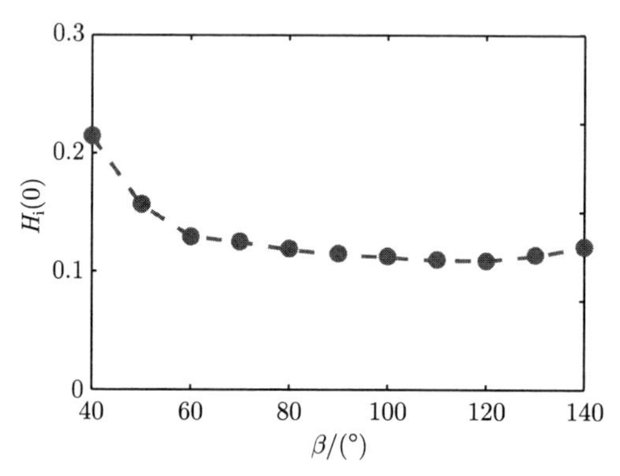

图 5.4 $x = 0$ 处的冰厚度 $H_\mathrm{i}(0)$ 随 β 变化的直接数值模拟结果

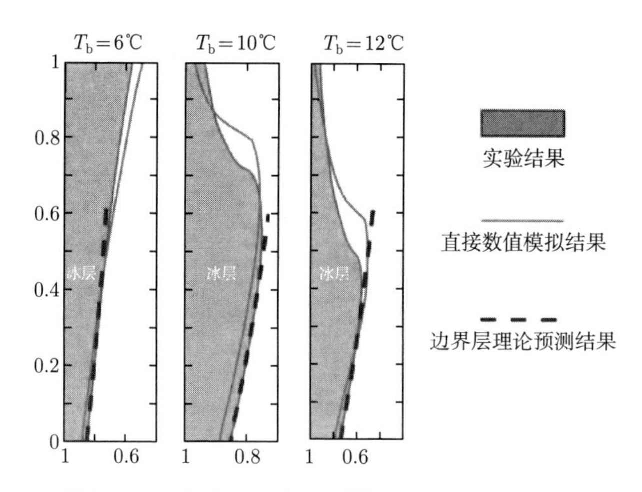

图 5.5 不同 T_b 下实验、直接数值模拟和边界层模型预测的冰水界面形貌特征的比较

虽然 δ_T 沿完整冰锋面的确切空间依赖性尚无法依靠简单的理论建模进行预测，但本模型的预测结果在冰锋面的局部确实获得了与实验及直接数值模拟较好的一致性，这为 VC 系统中冰水界面形貌的主要特征提出了一个可靠的物理机制。

5.4　影响冰形貌的物理机制 2：温度梯度与重力方向夹角

接下来将研究的系统由 VC 系统（$\beta = 90°$）拓展到其他系统倾斜角度，通过典型实验结果揭示不同倾斜角度 β 对冰水界面形貌特征的巨大影响，并通过一系列改变 β 的直接数值模拟研究（直接数值模拟在固定加热和冷却温度的条件下改变系统的倾斜角度，$0° \leqslant \beta \leqslant 180°$，每 10° 一个工况，$T_{\mathrm{b}} = 10℃$ 及 $T_{\mathrm{t}} = -10℃$，所揭示的规律易于拓展到其他工况）进行更加全面的探索，理解冰水界面形貌、系统传热特性、系统空间平均冰厚度等要素随 β 的变化规律，并由此揭示影响冰形貌的另一个物理机制：温度梯度与重力方向夹角。

5.4.1　不同系统倾斜角度的实验和直接数值模拟结果对比

首先，本节展示三种典型系统倾角的实验和直接数值模拟的结果对比。

图 5.6（a），图 5.6（c）和图 5.6（e）分别表示 $\beta = 0°$，50°，180° 的实验结果；图 5.6（b），图 5.6（d）和图 5.6（f）分别表示相应的直接数值模拟结果。当 $\beta = 0°$，此时呈现典型的 RB 系统模式，即下板加热，上板冷却，冰从上板处形成并逐渐生长。此时水层内虽然包含水的密度反转温度，但是由于处于下部的重力不稳定层的对流流动强度很大，处于温度区间 $T_{\phi} \sim T_{\mathrm{c}}$ 的重力稳定分层区域被大尺度环流涡压缩，因而被局限在紧贴冰水界面的区域，从总体流动形势来看，水层内呈现一个大尺度环流涡的模式（处于 4.4.4 节所讨论的区间-4）。当 $\beta = 180°$，此时呈现翻转的 RB 对流系统模式（flipped RB），即下板冷却，上板加热，冰从下板处形成并逐渐生长，原先 RB 系统内的重力稳定分层和重力不稳定分层分别处于温度区间 $T_{\phi} \sim T_{\mathrm{c}}$ 和 $T_{\mathrm{c}} \sim T_{\mathrm{b}}$，但是翻转 RB 系统热分层构型发生改变：冰面附近处于温度区间 $T_{\phi} \sim T_{\mathrm{c}}$ 的水层由于密度随深度增加而增加变成重力不稳定分层，而位于其上部的处于温度区间 $T_{\mathrm{c}} \sim T_{\mathrm{b}}$ 的水层由于密度随深度增加而减小变成重力稳定分层。这种热分层模式可以从图 5.6（f）的对流涡结构得到证实：在冰层之上存在几乎占满整个

水层空间范围的对流涡，其平均温度较低，在对流涡之上存在一层较热的水层（与对流涡以 T_c 为分界），该层内几乎不存在流动（只是由于下部对流涡的扰动而存在一些散布的速度向量）。

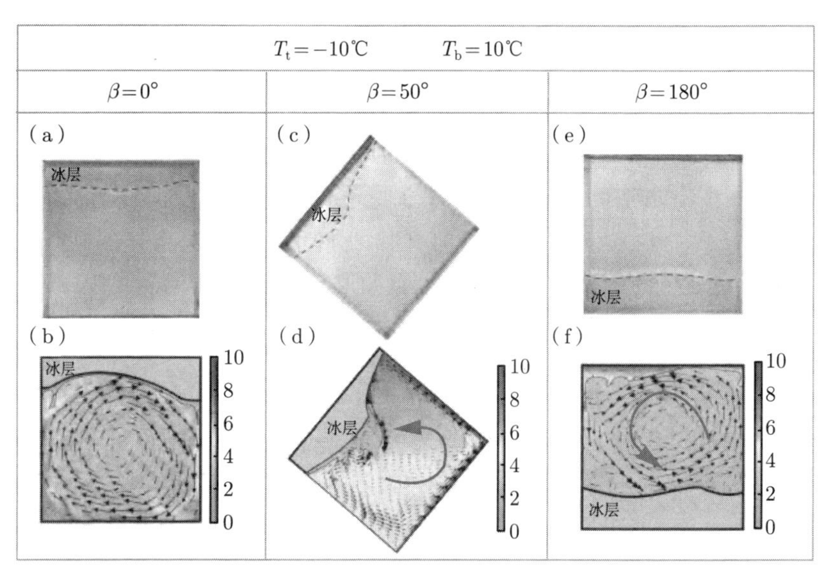

图 5.6 不同系统倾斜角度的实验和直接数值模拟结果对比（前附彩图）

(a)、(c) 和 (e) 分别表示 $\beta=0°$，50°，180° 的实验结果；(b)、(d) 和 (f) 分别表示相应的直接数值模拟结果

注：图中展示的是着色温度场并叠加速度矢量场图，T_ϕ 等温线由黑色实线表示，T_c 等温线由红色实线表示，速度矢量由黑色箭头定性表示，红色和蓝色的粗箭头分别表示由羽流自组织形成的大尺度环流涡。

当 $\beta=50°$，此时系统处于平衡状态的冰水界面具有和 5.3 节所描述的 VC 系统的冰水界面相似的形貌特征，在紧贴冰锋面的冷羽流发展的过程中，冰厚度逐渐增加，同时由于热羽流所形成的热对流涡的影响，冷羽流所形成的边界层发展受到阻碍，在该处冰层呈现较薄的状态，水层中存在两个旋转方向相反的冷、热对流涡，二者相互竞争。

5.4.2 系统在不同倾角条件下的传热特性

接下来，通过一系列改变 β 的直接数值模拟研究进行更加全面的探索。模拟条件为：$T_b=10℃$，$T_t=-10℃$，以及 $0°\leqslant\beta\leqslant180°$；当 $\beta=0°$

时加热边界处于下方，当 $\beta = 180°$ 时加热板处于上方。

首先，本节将讨论系统的传热特性。系统的全局热输运效率，即无量纲热流密度努塞尔数 Nu 定义为 $Nu = (\langle u_y T\rangle - \kappa\partial_y \langle T\rangle)/(\kappa\Delta T/H)$，其中：$\langle\cdots\rangle$ 表示在整个研究域内的时间平均值；H 表示研究域的无量纲高度（$H = 1$）。正如 5.4.1 节所展示的，不论 $\beta = 0°$（从下方加热）或 $\beta = 180°$（从上方加热），系统内均存在大范围的自组织对流涡，Nu 随 β 的变化趋势如图 5.7（a）所示（图 5.7（b）和图 5.7（c）则分别展示了 RB 工况的热分层结构模型和翻转 RB 工况的热分层结构模型）。

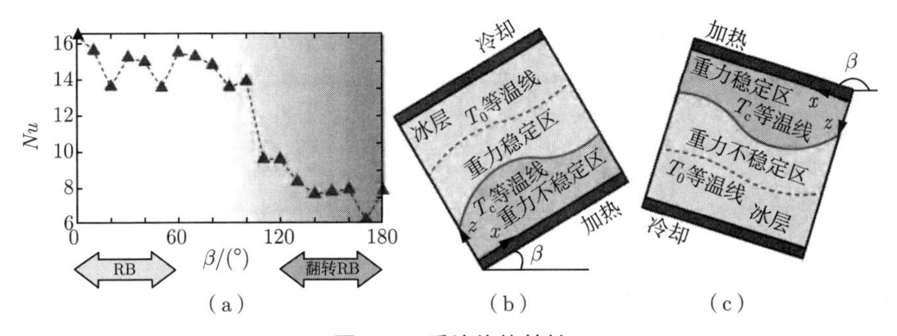

图 5.7 系统传热特性

（a）Nu 随 β 的变化趋势；（b）RB 工况的热分层结构模型图；（c）翻转 RB 工况的热分层结构模型图

注：图（a）中的误差棒（即在一次直接数值模拟中基于 Nu 的时间序列相对于其时间平均值的偏差的估计）小于符号本身的大小。

值得注意的是，当 $\beta = 180°$ 时，流体在 T_ϕ 和 T_c 温度区间的空间范围为不稳定分层，故在该空间范围存在对流流动，而这种特性是水特有的（并不会在工作流体的密度随温度线性变化的其他流体系统中出现）。

接下来将结合流场内具体的温度分布及其所导致的不同热分层特性，来分析系统热输运随 β 的变化趋势。

5.4.3 不同倾角条件下流动和冰水界面形貌特性

图 5.8 展示了不同 β 的直接数值模拟结果。图中内部、中间和外部的三圈分别是直接数值模拟开始后 10 min、2.5 h 和 2.5 d（此时系统达到或已经达到统计平衡状态）的温度场。为了表述方便，首先定义一些专有说法：在系统的倾斜角度 β 较小时（$\beta < 90°$），系统内的加热和冷却边界

的组织构型更加接近传统的 RB 对流模型（$\beta = 0°$ 时），因此称 $\beta < 90°$ 的工况为 RB 工况；在系统的倾斜角度 β 较大时（$\beta > 90°$），系统内的加热和冷却边界的组织构型更加接近翻转 RB 对流模型（$\beta = 180°$ 时），因此称 $\beta > 90°$ 的工况为翻转 RB 工况；在系统的倾斜角度 $\beta = 90°$ 时，系统处于左部冷却、右部加热，即处于 VC 工况。

在 RB 和翻转 RB 工况，受冰水界面水层内的大范围强对流的影响，冰锋面呈现出不同于 VC 工况的形态。

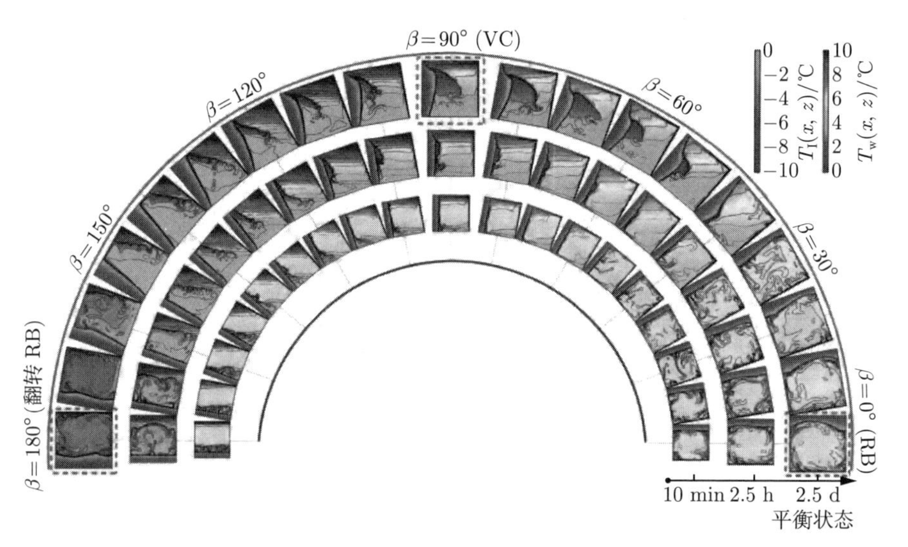

图 5.8　处于不同倾斜角度 β 的冰层和水层内的瞬态温度场直接数值模拟结果（前附彩图）

当 $\beta = 0°$ 时，在重力不稳定分层（$T_c \sim T_b$ 的温度范围）和冰层之间存在重力稳定分层（$T_\phi \sim T_c$ 的温度范围），在重力不稳定分层的较强对流涡的作用下，重力稳定分层被极度压缩到紧贴冰锋面的区域，整个水层被大尺度的对流涡占据，冰水界面和对流涡相互适配，冰锋面基本呈现出对流涡流过的形状。

当系统处于较小 β 时（$\beta < 30°$），重力不稳定层的对流流动仍足以限制稳定分层在空间中的位置，在水层中能观察到蘑菇状的冷、热羽流结构，整个水层呈现出大尺度的环流运动，冰锋面的形貌特征在单圈对流涡的作用下呈现凹向冷却边界的拱形。

β 继续增加但仍处于 RB 工况时（$30° < \beta < 90°$），系统内的温度梯

度相对于重力的夹角足以打破较小 β 区间的热分层构型，原先处于重力稳定分层的区域在系统倾斜状态下开始运动。发源于冰锋面的冷羽流向上“爬坡”，使得 $T_\phi \sim T_\mathrm{c}$ 的温度范围内流体自组织形成顺时针方向的对流涡，与发源于加热壁面的热羽流形成的对流涡形成竞争；$T_\mathrm{c} \sim T_\mathrm{b}$ 的温度范围内流体层内羽流的结构逐渐弱化，等温线之间更趋向于呈现平行状态。在此 β 区间，随 β 增加，两个旋转方向相反的对流涡竞争愈发激烈：冷羽流形成的对流涡由小倾斜角度时的紧贴冰锋面、到空间范围逐渐增加（由冰锋面和 T_c 等温线所包络的区域空间范围越来越大）。相应地，在冷羽流涡对热羽流涡隔离作用下，冰的厚度在空间发生变化：随着冷羽流的发展运动方向，冰层逐渐增厚，存在一个局部最厚点，而热羽流撞击的地方存在冰层厚度的极小值。基于这两种效应，冰层在从最厚部分向最薄部分过渡的过程中呈现拐点（这种现象的实验结果在图 5.2 和图 5.6 中也有呈现）。

当 $\beta < 90°$ 时，原始稳定分层（$T_\phi \sim T_\mathrm{c}$ 的温度范围）的流体流动随着 β 的增加而变得更加剧烈。在 $\beta > 90°$ 的区间，热分层构型将翻转，处于翻转 RB 工况，此时 $T_\phi \sim T_\mathrm{c}$ 的温度范围的流体处于重力不稳定分层，而 $T_\mathrm{c} \sim T_\mathrm{b}$ 的温度范围的流体处于重力稳定分层（由此可见重力稳定分层和不稳定分层的区分不是根据温度范围，而是根据密度沿重力方向的变化，沿重力方向密度逐渐增加则为重力稳定分层，反之则为重力不稳定分层）。总的来说，对流强度在 $0° < \beta < 90°$ 时高于 $90° < \beta < 180°$，这与各重力不稳定分层的不同温差有关，前者 $(T_\mathrm{c} - T_\phi) \approx 6$ K，后者 $(T_\mathrm{b} - T_\mathrm{c}) \approx 4$ K 。热驱动力的这种变化也解释了 Nu 随 β 的变化趋势结果（图 5.7（a））。整体而言，RB 工况的系统传热较强，翻转 RB 工况系统的传热效率相对较低，不同工况之间略有波动可能和水层内的重力稳定分层和不稳定分层之间的复杂流动耦合相关。

系统的传热特性决定了平衡状态时平均冰层厚度 H_i，因为冰层内的传热模式为纯导热，在温差恒定的情况下（在研究的工况中冰层温差恒为 $(T_\phi - T_\mathrm{t})$），冰层厚度和其内的热通量成反比，因此当系统整体传热效率较高时 H_i 较小，当系统整体传热效率较低时 H_i 较大，这可以通过图 5.9 进行证实。图 5.9 展示的是平衡状态时系统的平均冰层厚度 H_i 随系统倾斜角度 β 的变化趋势，其中：方框表示直接数值模拟结果，圆点表示实验结果；阴影区域为直接数值模拟中 $H_{\mathrm{i}}(x)$ 的空间变化范围，该特征表明系统内的冰层厚度存在一定程度的空间变化，即冰水界面处于非平直状态。对于图 5.9 中所有工况，系统运行参数均为 $T_{\mathrm{b}}=10$℃ 和 $T_{\mathrm{t}}=-10$℃，变量仅为系统的倾角。从图中可以看到实验结果和直接数值模拟结果符合良好。

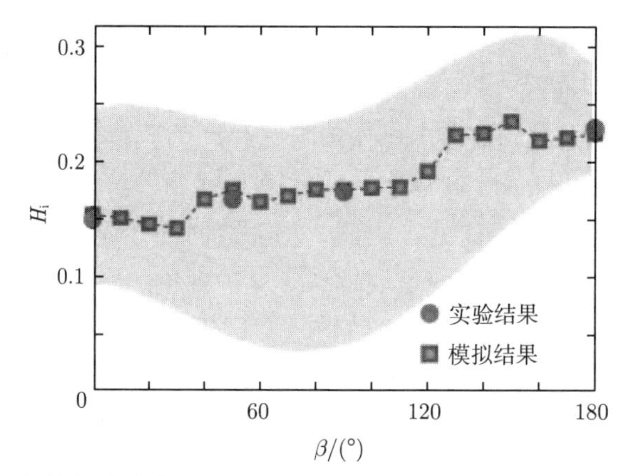

图 5.9 平衡状态时系统的平均冰层厚度 H_{i} 随系统倾斜角度 β 的变化趋势

5.4.4 解释宽范围系统倾角下的局部冰形貌特征：推广的边界层模型

接下来关注 β 在 90° 附近的情况（接近 VC 工况）。从图 5.8 的平衡状态的温度场中，可以观察到 β 在 90° 附近的工况中冰水界面呈现出一种独特但彼此相似度较高的形貌特征：均为在冷羽流开始生成、发展的阶段冰层逐渐增厚，在热羽流撞击的部分冰层较薄。

事实上，5.3.2 节所讨论的边界层模型可以推广到具有倾斜角度的系统，只需要将参数 C_1 修正为与倾斜角度 β 相关即可，此时 $C_1=((g_x(1-\rho(T_{\mathrm{m}})/\rho_c)-g_y\mathcal{H}(\beta-90°)(1-\rho(T_\phi)/\rho_c))/(\nu\kappa))^{1/4}$，其中：$\mathcal{H}$ 表示单位阶跃函数；$g_x=g\ \sin\beta$ 表示重力加速度沿 x 轴方向的分量；$g_y=g\ \cos\beta$ 表示重力加速度沿 y 轴方向的分量。

C_1 总体呈现幂函数的形式，其底数中的第一项来自倾斜效应，这部分只有在系统处于倾斜状态时才对对流的形成产生贡献；第二部分来自密度差引起的固有浮力贡献，这部分贡献仅适用于 $\beta > 90°$ 的翻转 RB 系统，因为处于 $T_\phi \sim T_c$ 温度范围的流体只有在 $\beta > 90°$ 时（翻转 RB 工况）才是重力不稳定区域，其内才存在固有浮力。图 5.10 展示了模拟（阴影区域）和推广的边界层模型预测的（虚线）冷羽流发展、形成阶段冰锋面形貌之间的比较。

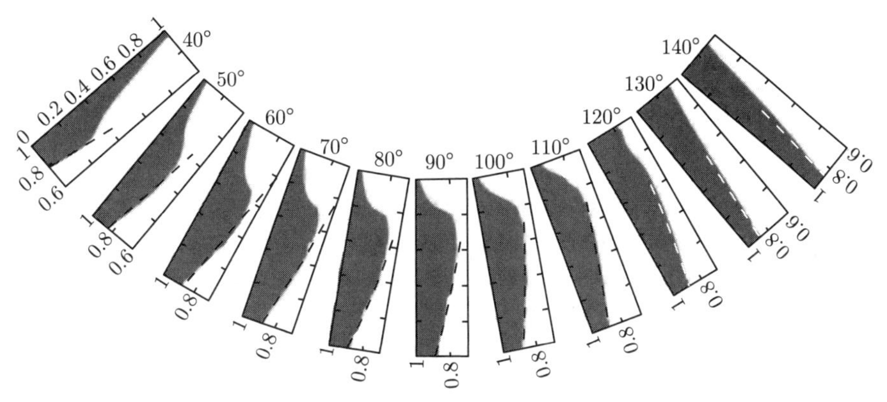

图 5.10 推广的边界层模型预测结果

从图 5.10 中可以看出，该模型可以在宽范围系统倾斜角度区间定性地捕捉冰水界面形貌的重要特征。另外，当 $\beta < 40°$ 或 $\beta > 140°$ 时，由于稳定和不稳定层的强烈相互作用，这二者之间的流动强度差异较大，某一层会在水层内占据优势地位，因此水层内整体呈现单对流涡的状态；同时羽流对冰锋面的撞击作用更加明显，附着在冰锋面处的边界层的生长和发展受到干扰，冰水界面形貌呈现不同的特征，因此边界层模型将不再适用。该模型的第二个限制是 $\delta_T(S)$ 采用的表达式形式基于垂直对流模型[227]，但该形式并不涉及对系统可能具有倾斜角度 β 的依赖性，其处理方式是对该表达式中的参数进行 β 依赖性修正，进而将倾斜特性引入模型之中。在未来的研究中，还需要进一步改进或定量完善该模型。然而需要强调的是，这种独特而具有稳健性的冰水界面形貌特征仅在 VC 工况及其附近的工况出现，在这个 β 区间内推广的边界层模型已经可以从定性角度对冷羽流发展形成阶段冰锋面形貌进行很好的预测，并且该模型在宽 β 范围的预测结果表现良好。

5.4.5　解释冰最厚的位置信息：浮力驱动强度模型

冰锋面的另一个重要特征是冰层厚度 $H_{\mathrm{i}}(x)$ 随空间位置的不同而存在变化，因此存在一个冰层达到最厚 $H_{\mathrm{i}}^{\max}$ 的空间位置 ΔX_0，这个位置也表明热羽流撞击冰锋面对冰锋面形貌的影响程度，上述参数的定义如图 5.11 所示。

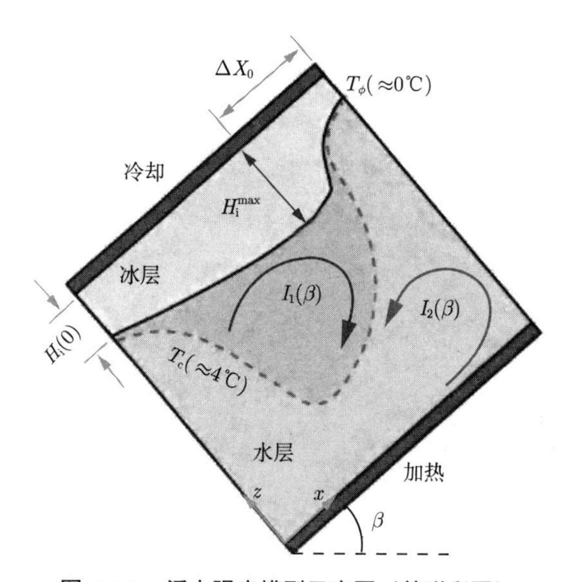

图 5.11　浮力强度模型示意图（前附彩图）

注：浮力强度模型用于解释最大冰厚度的空间位置。ΔX_0 定位了 $H_{\mathrm{i}}(x)$ 最大值的位置，该值为由研究域的冷热边界距离 H 进行标准化的无量纲参数。

正如 5.4.3 节中所讨论的，$H_{\mathrm{i}}(x)$ 的局部最大值的出现主要是由于两个旋转方向相反的对流涡之间存在强度的竞争关系。热羽流所形成的对流涡对冰锋面具有撞击作用，趋向于使冰层变薄；而冷羽流所形成的对流涡对热羽流具有隔离作用，趋向于使冰层增厚，在这两种效应的共同作用下，冰层的厚度呈现空间变化。如图 5.11 所示，将冰锋面附近的冷羽流涡（图 5.11 中蓝色粗箭头所示）的浮力驱动强度表示为 $I_1(\beta)$，将热羽流涡（图 5.11 中红色粗箭头所示）的浮力驱动强度表示为 $I_2(\beta)$。

从 5.4.3 节所描述的水内的流动结构和热分层特性对系统倾斜角度的依赖性，可以知道对流流动主要有两方面的来源：第一，固有方面，这部分对流流动来自最初的密度沿重力方向不断减小的重力不稳定层，即

当 $\beta < 90^\circ$ 时 $T_\mathrm{c} \sim T_\mathrm{b}$ 温度范围内的流体，这部分流体与加热板相接触；当 $\beta > 90^\circ$ 时 $T_\phi \sim T_\mathrm{c}$ 温度范围内的流体，这部分流体和冰锋面直接接触。也就是说即使系统没有倾角，固有方面的对流流动也是存在的。第二，倾斜诱导方面，即当系统存在一定倾斜角度时，最初重力稳定的分层可以在倾斜系统中产生对流运动，该对流运动发生在最初稳定分层的水层中，包括 $\beta < 90^\circ$ 时 $T_\phi \sim T_\mathrm{c}$ 温度范围内的流体，以及 $\beta > 90^\circ$ 时 $T_\mathrm{c} \sim T_\mathrm{b}$ 温度范围内的流体。因此，在浮力强度的定义中，需要同时包括上述两方面的浮力贡献，$I_1(\beta)$ 和 $I_2(\beta)$ 可以通过式 (5.3) 进行估计：

$$\begin{cases} I_1(\beta) = g_x\left(1 - \dfrac{\rho(T_\mathrm{m})}{\rho_\mathrm{c}}\right) - g_y\mathcal{H}[\beta - 90^\circ]\left(1 - \dfrac{\rho(T_\phi)}{\rho_\mathrm{c}}\right) \\ I_2(\beta) = g_x\left(1 - \dfrac{\rho(T_\mathrm{m2})}{\rho_\mathrm{c}}\right) + g_y\mathcal{H}[90^\circ - \beta]\left(1 - \dfrac{\rho(T_\mathrm{b})}{\rho_\mathrm{c}}\right) \end{cases} \tag{5.3}$$

式中：$T_\mathrm{m} = (T_\phi + T_\mathrm{c})/2$；$T_\mathrm{m2} = (T_\mathrm{b} + T_\mathrm{c})/2$。式 (5.3) 在 $\beta \neq 90^\circ$ 时成立。$I_1(\beta)$ 和 $I_2(\beta)$ 均包含两部分对流贡献：第一部分包括 g_x（来自固有方面），第二部分包括 g_y（来自倾斜诱导方面）。为了以更紧凑的形式表述 $I_1(\beta)$ 和 $I_2(\beta)$，引入单位阶跃函数 $\mathcal{H}$，以激发或者屏蔽某一方面对流的贡献。

浮力强度比例 $[I_1(\beta)/I_2(\beta)]$ 可以定性描述位置 ΔX_0 随 β 的变化趋势。通过引入可调节的比例常数 $C \simeq 0.08$ ，在 $10^\circ < |\beta - 90^\circ| < 50^\circ$ 区间，浮力强度模型的预测结果（图 5.12 的虚线，呈现间断性的两部分是因为式 (5.3) 在 $\beta \neq 90^\circ$ 时成立）与直接数值模拟结果（图 5.12 的实心三角符号）符合得较好。这是一个具有启发性的定性模型，该模型进一步

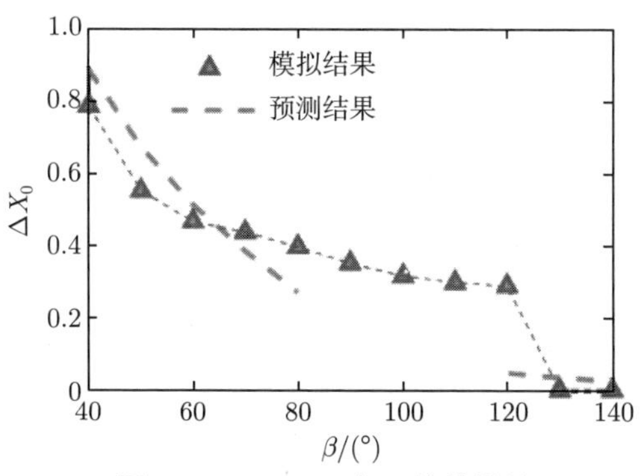

图 5.12　ΔX_0 对 β 的依赖性

证明了两个旋转方向相反的对流涡之间的强度竞争关系是催生冰形貌主要特征的重要原因。

5.5 本章小结

本章通过实验结合直接数值模拟探索了自然对流系统中水相变处于平衡状态时冰-水界面形貌及其形成的物理机制。

研究发现，由于水的密度随温度非单调变化的性质，存在沿着冰锋面发展的冷羽流。冰水界面具体形貌特征的物理机制主要有两个方面：第一是系统的热驱动力强度；第二是系统的温度梯度与重力方向的夹角（系统处于倾斜的状态）。在垂直对流工况及 $\beta = 90°$ 附近的倾斜角度区间，冰水界面呈现出一种特殊的、不同工况之间具有相似点的稳健性特征：沿着冰锋面的冷羽流开始生成发展的阶段冰层逐渐增厚，在热羽流撞击的部分冰层较薄，冰层厚度的空间变化导致冰层存在局部最厚的位置。这种特征的形成主要是由两个旋转方向相反的对流涡相互耦合、相互竞争所导致的。为了解释冷羽流生成及发展阶段冰水界面特征，首先基于 VC 系统建立了边界层模型，而后将之推广到考虑系统倾斜效应的倾斜系统，在宽 β 范围对冰水界面的局部形貌特征进行了较好的预测。另外，针对冰层存在局部最厚的位置这一重要特征，建立了浮力强度模型，定性解释了冰的局部形貌变化。

本章的探索为理解湍流对流条件下的冰水界面的形貌特征提供了更好的视角，有助于理解由相变、地球物理中不同程度的热分层之间的耦合行为引起的景观和地貌等的形态学特征。

第 6 章　自然对流与固-液相变耦合系统多平衡态问题

本章主要关注自然对流与相变耦合系统的多平衡态问题。首先，一方面本章通过直接数值模拟的方法研究了结冰或融冰过程的历史效应对系统平衡状态的影响，结果发现在 RB 对流系统中，中等热驱动条件下，系统的平衡状态可能是纯导热模式或是对流模式，这取决于系统初始全部是水相还是全部是冰相；另一方面，VC 系统的平衡状态具有较高的稳健性，不会因为初始条件的改变而发生变化；通过建立系统的瞬态热流模型，研究并揭示初始条件的差异所导致的双平衡态的物理机制。接着，通过实验和直接数值模拟手段研究了系统尺寸（系统的宽高比 Γ）的影响。研究发现，即使 RB 对流系统最终平衡在对流状态，其冰水界面也可以呈现出不同的形貌特征，这主要是由水层内对流涡的构型所决定的。冰水界面的形貌特征总是取决于水层中大尺度环流涡的构型，在 RB 对流系统中的冰水界面具体形貌在不同对流域宽高比的影响下，可以呈现出周期性结构特征。但是在 VC 系统中，不同宽高比的系统内冰水界面的形貌特征则具有较高的相似性，这主要是因为在研究参数范围内，水层内均观察到两个旋转方向相反的对流涡相互竞争，通过将 5.3.2 节所讨论的边界层模型进行进一步的推广，使其包含不同系统宽高比的影响，可以得到冰水界面形貌的预测结果。

6.1　研 究 目 的

第 4 章和第 5 章将实验和数值模拟结合，探究了自然对流和水的固-液相变耦合系统中的结冰动力学特性、全局响应（如传热特性和空间平均冰层厚度等)、冰水界面形貌特征及其背后的物理机制等方面。上述研究均关注的是结冰工况，而当处于融冰工况，系统内的热分层特征会出现不同的演化过程，其平衡状态是否会发生相应的改变？目前已有研究[81,83]发现了线性浮力流体系统内存在双平衡态现象——系统经过固-液相变演化之后，可能平衡在对流状态或是导热状态，相应的固体层厚度存在巨大的差异，这取决于系统是结冰还是融冰过程。但是相关的研究基本都集中在纯净的工作流体和较小工作温差的情况，即系统内流体产生的浮力与温度呈线性关系(布西内斯克近似[27])。当系统的工作流体为水，且包括水的密度反转特性及其引起的不同程度的热分层特性时，双平衡态现象是否存在仍然未知。此外，研究域的宽高比会对冰水界面形貌特征产生怎样的影响？上述问题将是本章主要关注的问题。

6.2　研究方法

本研究的主体部分可以分为两个方面，一方面是关于结冰或融冰的历史效应给系统平衡状态所带来的影响，另一方面是关于不同系统宽高比对冰水界面形貌等的影响。前者涉及融冰，即系统初始全部为冰相，在加热的作用下融化，那就意味着实验之前需要制作与研究域尺寸相当、无气泡、均一且透明的冰块，考虑到冰块制作的难度，本研究中没有进行冰的融化实验，因此本研究的第一部分主要依赖于直接数值模拟手段及相关的理论建模预测手段对双平衡态特征的存在性进行探索。对于本研究的第二方面，设计并制作了一系列不同宽高比的实验系统，进行了系统宽高比相关的结冰实验，并结合广义边界层模型对固-液界面的具体形貌特征进行合理解释和预测。

6.2.1　实验方法

本研究所采用的实验平台是以第 4 章所介绍的两相热对流结冰-融冰实验平台(详细介绍见 4.2.1 节)为基础，采用不同宽高比 $\Gamma = l_x/h$ 的有机玻璃侧壁，即系统的 $\Gamma = 0.5, 1, 2, 4$，相应的实验对流槽有效体积的高度为 $h = 12\,\text{cm}$、$24\,\text{cm}$、$48\,\text{cm}$ 和 $96\,\text{cm}$，而实验对流槽有效体积的宽度则始终为 $l_x = 24\,\text{cm}$。实验中需要控制对流槽上板温度低于水的凝固点，下板温度高于水的凝固点，上板和下板均通过循环冷却系统（PolyScience PP15R-40）进行温度控制，相关的温度控制及测量系统、扩压容器及实验中冰厚度的计算、工作液体的密度与温度非线性关系式等与第 4 章的相关部分相同，此处不再赘言。

6.2.2　直接数值模拟方法

直接数值模拟通过 CH_4-PROJECT 代码[225] 进行，该代码采用格子玻尔兹曼算法描述流体和温度的动力学，并采用焓方法描述相变过程。该方法已通过实验手段[226,230] 和模拟手段[78] 得到验证，并且该代码已在文献 [78] 中得到深入测试，直接数值模拟方法的控制方程及基本原理已在第 4 章进行了详细介绍，此处不再重复。

关于结冰或融冰的历史效应给系统平衡状态所带来的影响的研究中，通过直接数值模拟方法进行系统地探究；关于不同系统宽高比对冰水界面形貌等的影响的研究中，为与 RB 对流系统和 VC 系统中的系统宽高比相关的实验结果进行对比，在相同的控制条件下进行了与实验一对一可对比的直接数值模拟。

在直接数值模拟中，测量局部冰厚度信息 $H_{\mathrm{i}}(x,t)$ 、空间平均的冰厚度 $H_{\mathrm{i}}(t) = L_x^{-1}\int_0^{L_x} H_{\mathrm{i}}(x,t)\mathrm{d}x$，以及时空平均的冰厚度信息 $H_{\mathrm{i}} = \Delta t^{-1}\int_0^{\Delta t} L_x^{-1}\int_0^{L_x} H_{\mathrm{i}}(x,t)\mathrm{d}x\mathrm{d}t$，这三个参数均为无量纲数据（通过整个研究域的冷、热边界的距离进行归一化，即 $H_{\mathrm{i}}=1$ 表示整个研究域全部是冰相）。在实验和直接数值模拟中，固定冷却的温度 $T_{\mathrm{t}} = -10$℃，仅改变系统的加热温度 T_{b} 或对流的构型（RB 对流系统或 VC 系统）。

6.2.3　理论建模

本研究中主要涉及两个理论模型的建立/推广。通过建立系统的瞬态热流模型，研究揭示并预测结冰或融冰的历史效应所导致的双平衡态形成的物理机制。通过将 5.3.2 节所讨论的边界层模型进一步推广，使其包含不同系统宽高比的影响，可以得到冰水界面形貌的预测结果。相关理论建模的具体讨论见下文相关内容。

6.3 结冰/融冰的历史效应对冰演化的影响

本节意在研究融冰（系统内初始全部为冰相）和结冰（系统内初始全部为水相）两种不同演化过程对 RB 对流系统以及 VC 系统的平衡状态的影响。

4.4 节揭示了随着系统的热驱动强度的提升，RB 对流系统内的结冰演化过程存在四种不同的传热与流动耦合机制，关于四种不同机制的热分层模式、稳定状态以及冰面形貌特征总结如表 4.2 所示。从现有的四种不同传热与流动耦合区间中各选择一种典型的热驱动条件，即 $T_{\mathrm{b}} = 3℃$，4.5℃，5.5℃，10℃，并对融冰（初始条件为 $H_{\mathrm{i}} = 1$）和结冰（初始条件为 $H_{\mathrm{i}} = 0$）进行长时间的直接数值模拟（模拟的持续时间大约为 10 d）。

6.3.1 RB 对流系统的结冰/融冰过程的冰演化特性

1. 冰层随时间的演化过程

图 6.1 展示了 RB 对流系统处于不同热驱动条件下，归一化的空间平均冰厚度 $H_{\mathrm{i}}(t)$ 随时间的演化。各色实线代表不同热驱动条件下的结冰工况，各色虚线代表不同热驱动条件下的融冰工况。根据表 4.2 所示的四种不同的传热与流动耦合区间，为结冰或融冰两种演化过程各选择一种典型的热驱动条件，即 $T_{\mathrm{b}} = 3℃$，4.5℃，5.5℃，10℃。

从图 6.1 中观察到，在 $T_{\mathrm{b}} = 3℃$，4.5℃，10℃ 的工况下，结冰和融冰两种不同的演化过程最终达到相同的平衡状态；而对于 $T_{\mathrm{b}} = 5.5℃$ 的工况，结冰和融冰两种不同的演化过程最终分别达到不同的平衡状态：结冰平衡在较薄的冰层厚度，而融冰平衡在较厚的冰层厚度，即产生了不同初始条件所导致的双平衡态特性。那么在系统内到底发生了怎样的演化过程呢?

2. 温度场演化的历史效应

为了更好地理解 RB 对流系统的结冰/融冰过程的冰演化的双平衡态特性，图 6.2 展示了温度场的演化过程（并未展示 $T_{\mathrm{b}} = 3℃$ 的情况，因

为当 $T_{\mathrm{b}} < T_{\mathrm{c}}$ 时，流体区域在整个模拟过程中均处于重力稳定分层状态，传热模式始终为热传导）。

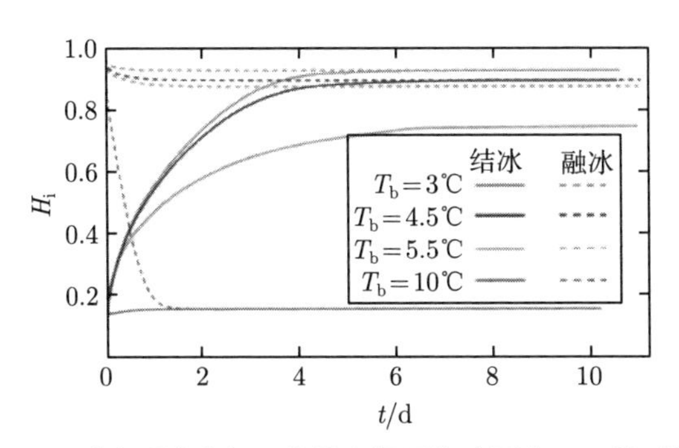

图 6.1　RB 对流系统内归一化的空间平均冰厚度 $\boldsymbol{H}_{\mathrm{i}}$ 随时间的演化（前附彩图）

在 T_{b} =4.5℃（区间-2）时，重力稳定分层和重力不稳定分层共存，基于重力不稳定分层的有效瑞利数 Ra_{e}（Ra_{e} 仅在重力不稳定层存在时才有意义，即在 $T_{\mathrm{b}} > T_{\mathrm{c}}$ 温度区间才有意义）可以表示为 $Ra_{\mathrm{e}} = \dfrac{(\Delta\rho/\rho_{\mathrm{c}})g(h_{\mathrm{c}})^3}{\nu\kappa} = \dfrac{g\alpha^*|T_{\mathrm{b}}-T_{\mathrm{c}}|^q(h_{\mathrm{c}})^3}{\nu\kappa}$（其中，$h_{\mathrm{c}}$ 是 T_{c} 等温线的时空平均位置）。随着结冰过程的进行，冰层厚度不断增加，Ra_{e} 从初始状态的 $Ra_{\mathrm{e}} \approx 10^3$ 逐渐减小（图 6.2（a）的子图 I~Ⅲ）；而在融冰的工况，冰层厚度不断减小，重力不稳定分层逐渐建立且其厚度不断增加，系统的有效热驱动力强度逐渐增加到最终平衡状态的 $Ra_{\mathrm{e}} \approx 10$（图 6.2（a）的子图 Ⅳ~Ⅵ）。在结冰和融冰的整个演化过程中，有效热驱动强度保持在临界瑞利数 Ra_{cr} 以下（在水平封闭的 $\Gamma = 1$ 的传统 RB 对流域构型中 $Ra_{\mathrm{cr}} \approx 2585$[231]；在水平呈周期状态的无限的传统 RB 对流域构型中 $Ra_{\mathrm{cr}} \approx 1708$[232]；在具有线性浮力的融冰对流域且水平呈周期状态的无限 RB 对流域构型中 $Ra_{\mathrm{cr}} \approx 1493$[81]），因此不论是结冰还是融冰，演化过程始终保持纯导热状态[154]。

类似地，当热驱动强度较强时，即 T_{b} =10℃（区间-4），在最终平衡状态时，估计的有效瑞利数 $Ra_{\mathrm{e}} \approx 10^7 \gg Ra_{\mathrm{cr}}$，不论是结冰（图 6.2（c）的子图 I~Ⅲ）还是融冰（图 6.2（c）的子图 Ⅳ~Ⅵ）工况，湍流高度发展的对流模式始终占主导地位，因此最终系统的平衡状态相同。

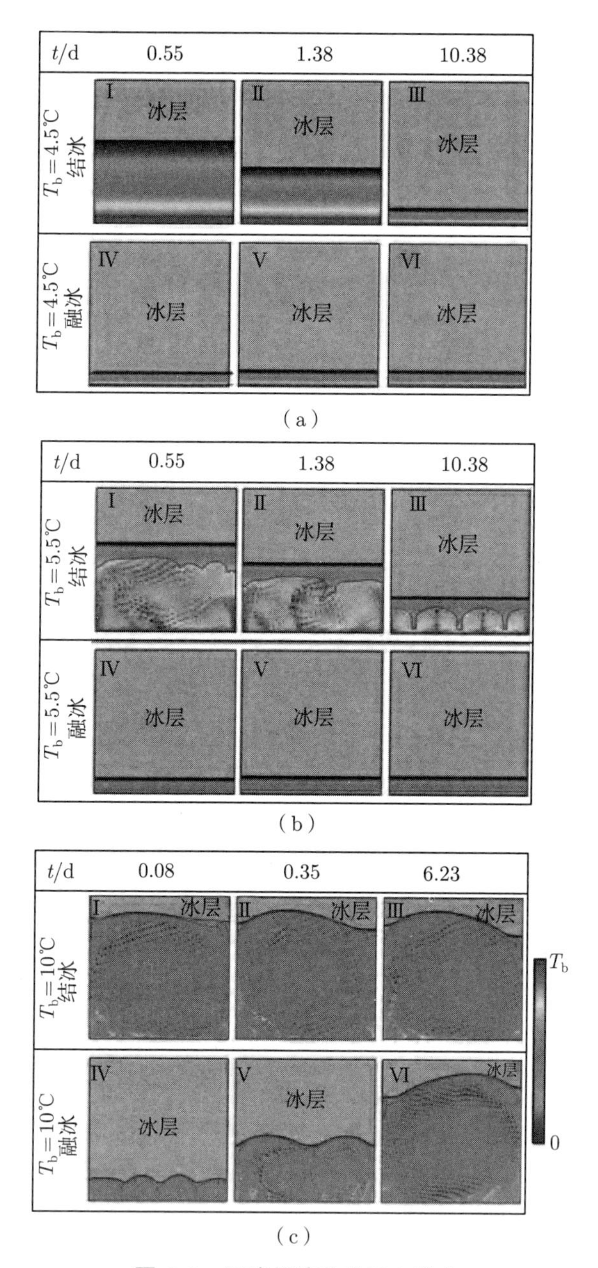

图 6.2　温度场演化的历史效应

然而，在图 6.2（b）所示的 $T_b = 5.5$℃（区间-3）工况，结冰和融冰两种不同演化过程表现出不同的平衡状态。处于结冰的工况时，随着冰厚度的增加，水层区域的有效宽高比 $L_x/(H-H_\mathrm{i})$ 增加，因此水层全局对流涡会自组织形成几个较小的对流涡，每个对流涡的宽高比接近 1，Ra_e 相应减小，但仍满足 $Ra_\mathrm{e}\approx 4\times 10^3 > Ra_\mathrm{cr}$，从而保持水层的对流状态。而对于融冰工况，随着冰层厚度的减小，系统在仍处于纯导热状态时就已经达到了平衡状态。

3. 水的理论建模预测双平衡态现象

根据 4.2.2 节所讨论的考虑水密度反转特性的平衡态理论建模，可以对系统的稳定状态进行预测。下面将对模型的建立过程进行简单的复现。

认为整个研究域是如图 6.3（a）所示的冰层、重力稳定层和重力不稳定层三层热阻串联而成，每层热阻有其温度梯度和相应的热流密度。忽略冰水界面的曲率和稳定、不稳定分层之间的非平直界面特征，而只考虑一维状态。当通过冰层的导热热流（表示为 q_i）、通过重力稳定层的导热热流（表示为 q_s）和重力不稳定层的导热热流或对流热流（表示为 q_u，取决于基于该层的有效瑞利数 Ra_e）三者之间存在热流平衡时，系统达到平衡状态。值得注意的是，q_u 仅在 $T_\mathrm{b}>T_\mathrm{c}$ 时存在。每层相应的厚度分别表示为 h_i，h_s 和 h_u。取决于 T_b 与 T_c 的关系，需要考虑以下两种情况。

第一种情况是：处于 $T_\mathrm{b}\leqslant T_\mathrm{c}$ 温度区间，整个流体层处于重力稳定状态，因此冰层和水层中均为热传导，由此可以得到热通量为 $q_\mathrm{i}=k_\mathrm{i}\dfrac{T_\phi-T_\mathrm{t}}{h_\mathrm{i}}$ 和 $q_\mathrm{s}=k_\mathrm{w}\dfrac{T_\mathrm{b}-T_\phi}{h_\mathrm{s}}$，式中：$k_\mathrm{i}$ 和 k_w 分别是冰和水的导热系数。

第二种情况是：处于 $T_\mathrm{b}>T_\mathrm{c}$ 温度区间，在 $T_\phi\sim T_\mathrm{c}$（重力稳定分层）和 $T_\mathrm{c}\sim T_\mathrm{b}$（重力不稳定分层）的温度层中，密度梯度的方向相反。重力不稳定层中的热通量可以根据有效努塞尔数 Nu_e（由基于重力不稳定层的导热热通量归一化的无量纲热通量）和 Ra_e 的关系进行预测（两者关系与经典 RB 对流中的相同，见 4.2.2 节），由此三层的热通量可表示为 $q_\mathrm{i}=k_\mathrm{i}\dfrac{T_\phi-T_\mathrm{t}}{h_\mathrm{i}}$，$q_\mathrm{s}=k_\mathrm{w}\dfrac{T_\mathrm{c}-T_\phi}{h_\mathrm{s}}$ 及 $q_\mathrm{u}=Nu_\mathrm{e}k_\mathrm{w}\dfrac{T_\mathrm{b}-T_\mathrm{c}}{h_\mathrm{u}}$。

综上所述，平衡条件如下。

处于 $T_\mathrm{b}\leqslant T_\mathrm{c}$ 温度区间：系统始终处于纯导热模式，与水层的厚度无关，冰层和水层的热通量平衡可以表示为

$$q_\mathrm{i} = q_\mathrm{s} \tag{6.1}$$

根据式 (6.1) 可以得到 $h_\mathrm{i} = \dfrac{-k_\mathrm{i}T_\mathrm{t}}{k_\mathrm{w}T_\mathrm{b} - k_\mathrm{i}T_\mathrm{t}}h$。

处于 $T_\mathrm{b} > T_\mathrm{c}$ 温度区间：

$$q_\mathrm{i} = q_\mathrm{s} = q_\mathrm{u} \tag{6.2}$$

根据式 (6.1) 和式 (6.2)，可以计算出 h_i。

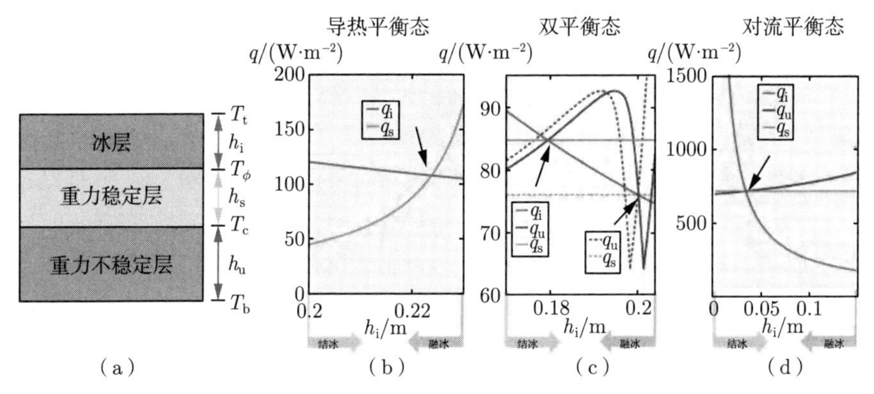

图 6.3　结冰或融冰过程中热流的演化过程（前附彩图）

（a）一维热流模型图；（b）导热平衡态：冰层中的导热热流（红色曲线）和水层中的导热热流（绿色曲线）随 h_i 的演化；（c）双平衡态：冰层中的导热热流（红色曲线）、重力稳定层中的导热热流（绿色曲线）和重力不稳定层中的导热或对流热流（蓝色曲线）随 h_i 演化；（d）对流平衡态：冰层中的导热热流（红色曲线）、重力稳定层中的导热热流（绿色曲线）和重力不稳定层中的导热或对流热流（蓝色曲线）随 h_i 演化

注：在图（a）中冰层、重力稳定层和重力不稳定层三层热阻串联，三者所处的温度范围分别是 $T_\mathrm{t} \sim T_\phi$、$T_\phi \sim T_\mathrm{c}$ 及 $T_\mathrm{c} \sim T_\mathrm{b}$，相应的各层厚度分别为 h_i，h_s 和 h_u；若 $T_\mathrm{b} < T_\mathrm{c}$，则不存在重力不稳定层。

图 6.4 展示的是具有双稳态的平衡时冰厚度模型预测结果（取 $Ra_\mathrm{cr} \approx 1708$）。理论预测（实线和虚线）与数值模拟结果（圆圈和方框符号）吻合良好。阴影区域分别对应于导热平衡态、双平衡态和对流平衡态所处的温度区间。图 6.4 中的方框表示融冰的工况，圆圈表示结冰的工况，实线和虚线表示理论建模预测结果。在双平衡态的温度区间，理论建模预测结果分为两个分支，分别对应于结冰和融冰的历史效应所形成的两种不同平衡状态，在导热平衡态和对流平衡态温度区间，理论建模结果仅有

一支（实线和虚线重合），这也说明结冰或融冰的不同演化过程可以导致相同的平衡态结果。这种双平衡态在具有线性浮力的流体系统中也可观察到。本研究的结果表明，在真实的水环境条件下，双平衡态现象也是存在的。

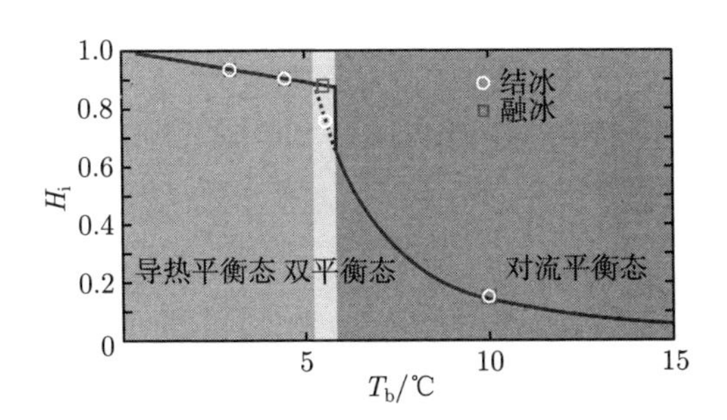

图 6.4　水的理论建模预测双平衡态现象

图 6.4 的理论模型预测结果是基于经典的临界热驱动强度值 $Ra_{cr} \approx 1708$ 计算得到的，但是 6.3.1 节曾提到，在 RB 对流域存在相变时，$Ra_{cr} \approx 1493$[81]，那么不同的 Ra_{cr} 取值对理论建模的结果有怎样的影响？为了便于比较分析，分别基于 $Ra_{cr} \approx 1708$ 和 $Ra_{cr} \approx 1493$ 进行了理论建模预测，其预测结果如图 6.5 所示，图 6.5 中的三角符号表示直接数值模拟结果，蓝色实线和蓝色虚线是基于 $Ra_{cr} \approx 1708$ 计算的理论建模预测结果，红色实线和红色虚线是基于 $Ra_{cr} \approx 1493$ 计算的理论建模预测结果。从图 6.5 中可以看到，Ra_{cr} 的取值对于理论建模的结果影响较小，这也足以证明本研究的理论模型稳健性较高。

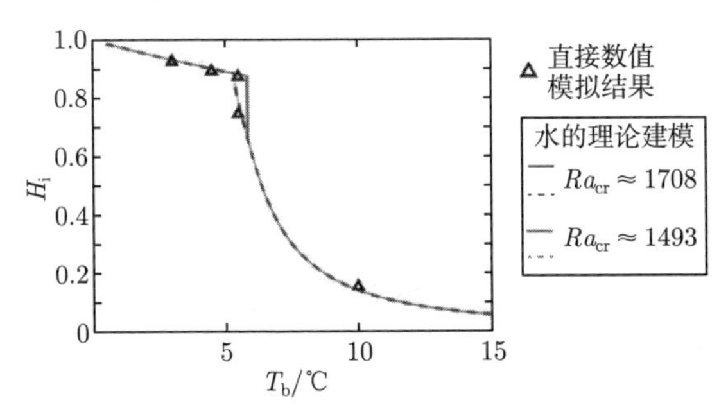

图 6.5　分别基于 $Ra_{cr} \approx 1708$ 和 $Ra_{cr} \approx 1493$ 进行的理论建模预测系统平衡态（前附彩图）

此外，本研究将数值模拟的研究限定在冷却温度 $T_t=-10$℃。那么处于不同冷却温度下系统历史效应所导致的双平衡态特性是否仍存在？如果存在会发生怎样的变化？

接下来将通过理论建模更好地解释改变 T_t 所产生的影响。

图 6.6 展示了三种不同冷却温度 T_t 下系统的稳定态理论建模预测结果，分别为 $T_t=-5$℃（蓝色实线和虚线）、$T_t=-10$℃（红色实线和虚线）和 $T_t=-20$℃（绿色实线和虚线）。蓝色、红色和绿色阴影区域分别对应于不同 T_t 值系统的双平衡态温度区间。

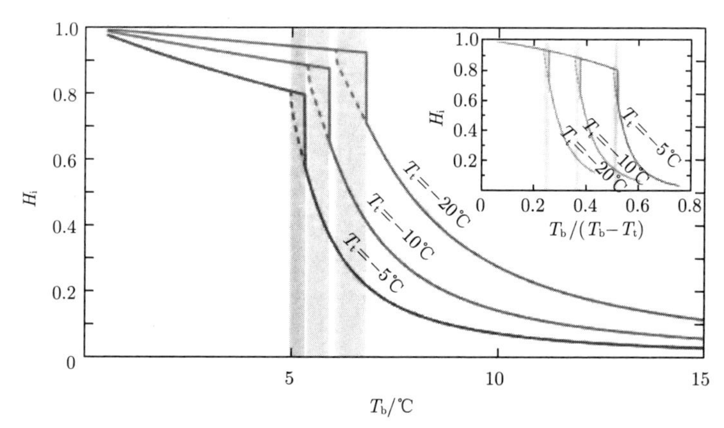

图 6.6　三种不同冷却温度下系统的稳定态理论建模预测结果（前附彩图）

注：子图表示横坐标用系统温差 (T_b-T_t) 对 T_b 进行归一化后的结果。

从图 6.6 中可以观察到，较高的 T_t 导致系统平衡态的平均冰厚度变薄，并且随着 T_t 的减小，双平衡态出现得更早。双平衡态所处的温度范围（图中的阴影区域）随着 T_t 的减小而变宽。当用系统温差 (T_b-T_t) 对 T_b 进行归一化时，双平衡态所处的温度区间则呈现相似的范围（见图 6.6 的子图）。

综上所述，改变 T_t 的影响规律是可定性预测的：①系统平衡状态下的冰层厚度随着 T_t 的减小（增大）而变厚（变薄）；②相应的冰水界面应该具有相似的形貌特征，但具有不同的延展范围和局部曲率；③关于双平衡态特性，不同的 T_t 只会改变双平衡态发生时所处的温度区间，但总体趋势保持相似。因此，改变 T_t 并不会改变当前研究中讨论的整体趋势和机制。

6.3.2 VC 系统的结冰/融冰过程的冰演化特性

本节探索了在 VC 系统中的结冰和融冰两种不同演化过程对其平衡态是否会产生影响。上文已经提到，本研究从现有的四种不同的传热与流动耦合区间中各选择一种典型的热驱动条件，为了比较 RB 对流系统和 VC 系统中的结冰和融冰情况，对 VC 系统的情况进行了六组模拟（重点关注 $T_b > T_c$ 的重力稳定区和不稳定区共存的温度区间），所有其他外部条件与 RB 对流系统的情况保持一致，即 $T_b = 4.5$℃，5.5℃，10℃，冷却板的温度固定在 $T_t = -10$℃。对 VC 系统内的融冰（初始条件为 $H_i = 1$）和结冰（初始条件为 $H_i = 0$）工况进行长时间的直接数值模拟。

1. 冰层随时间的演化过程

图 6.7 展示了在 VC 系统处于不同热驱动条件下，归一化的空间平均冰厚度 $H_i(t)$ 随时间的演化。各色实线代表不同热驱动条件下的结冰工况，各色虚线代表不同热驱动条件下的融冰工况。

从图 6.7 中可以观察到，在 $T_b = 4.5$℃，5.5℃，10℃ 的工况下，结冰和融冰两种不同的演化过程最终均达到相同的平衡状态，即在 VC 系统中的最终平衡状态与系统的初始条件或流场的历史效应无关，在 VC 系统中并没有发现双平衡态现象。

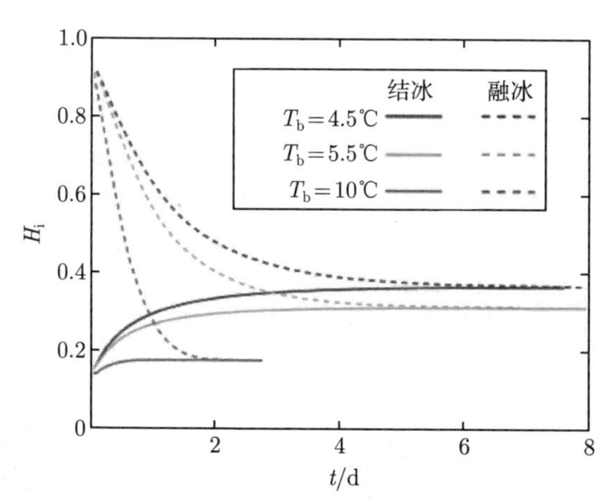

图 6.7　VC 系统内归一化的空间平均冰厚度 H_i 随时间的演化（前附彩图）

2. 温度场的演化

接下来将具体展示 VC 系统内发生的演化过程。图 6.8、图 6.9 和图 6.10 分别对应于 T_b =4.5℃，5.5℃，10℃ 的工况。在 VC 系统中，可以看到水层内总是存在两个主旋转方向相反的对流涡（二者的强度可能有差异）：一个是平均温度较低的、靠近冰锋面的对流涡，所处的流体温度范围为 $T_\phi \sim T_c$，该对流涡产生于从冰水界面处产生并分离的冷羽流；另一个是从热板分离的热羽流自组织所形成的平均温度较高的对流涡，所处的流体温度范围为 $T_c \sim T_b$。不同的热板温度 T_b 能够调节两个对流涡的相对强度，从而产生不同形式的冰锋面的形貌特征。当系统逐渐演化到平衡状态时，若平均温度较低的对流涡对流强度较大，冰锋面往往会受到较冷流体环境的保护而不会发生变形，因此冰水界面是平直的，只是处于倾斜的状态（见图 6.8 和图 6.9）。

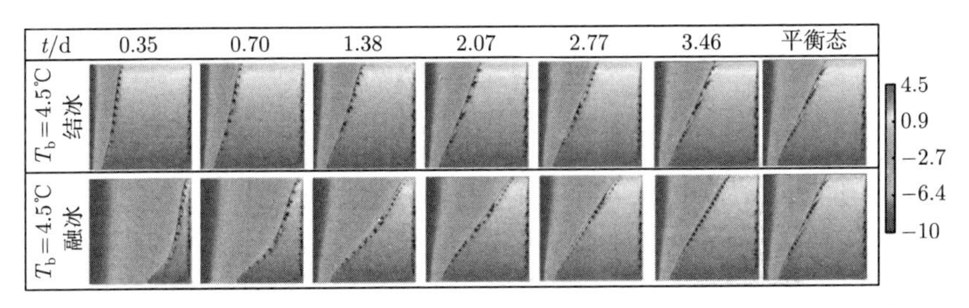

图 6.8 VC 系统的结冰和融冰过程的瞬时温度场的演化 (T_b = 4.5℃)（前附彩图）

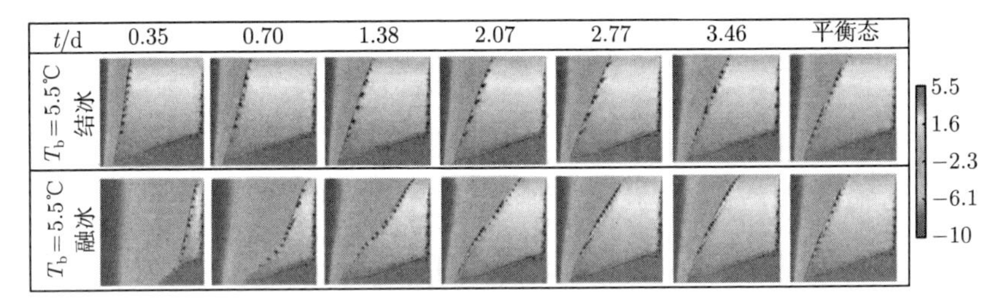

图 6.9 VC 系统的结冰和融冰过程的瞬时温度场的演化 (T_b = 5.5℃)（前附彩图）

此外，如果平均温度较高的对流涡对流强度较大，冰水界面失去冷羽流所形成的对流涡的保护，从而趋向于形成冰厚度的空间变化，因热羽流的撞击而在冰层的顶部最薄，并沿着冰锋面处冷羽流的发展冰层逐渐增厚（见图 6.10）。

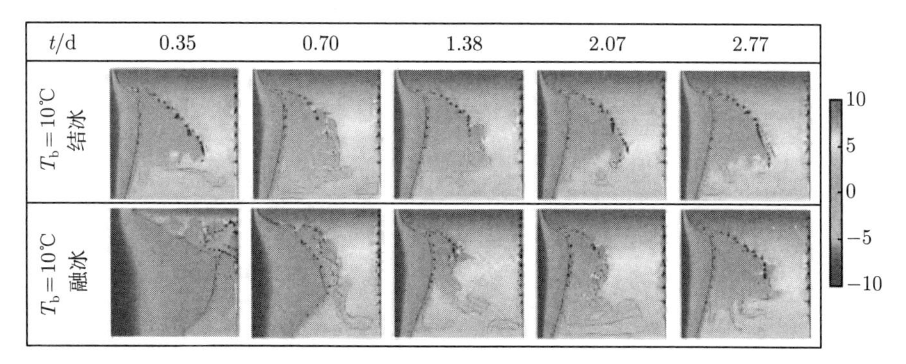

图 6.10 VC 系统的结冰和融冰过程的瞬时温度场的演化 ($T_b = 10$℃)（前附彩图）

在 VC 系统中，温度梯度的方向与重力的方向始终垂直，这使得系统在任何温度差异或瑞利数作用下都处于不稳定状态，即两个旋转方向相反的相互竞争的对流涡始终存在，使得 VC 系统内始终存在流体的流动，这说明了 VC 系统的平衡状态稳健性较高。

6.3.3 双平衡态的物理机制

接下来对 RB 对流系统内由于结冰和融冰历史效应所导致的双平衡态现象的物理机制进行解释。

根据 6.3.1 节所讨论的一维热流模型，还可以分析在结冰或融冰过程中热流的演化过程。

如图 6.3（b）、图 6.3（c）和图 6.3（d）所示，图中绘制了冰层、重力稳定层和重力不稳定层的各层热通量的值。q_i、q_s 及 q_u 作为冰厚度 h_i 的函数，实际上是在模拟结冰（h_i 从小变大，图 6.3（b）、图 6.3（c）和图 6.3（d）的蓝色粗箭头所示的方向）或融冰（h_i 从大变小，图 6.3（b）、图 6.3（c）和图 6.3（d）的红色粗箭头所示的方向）的冰层厚度不断变化过程中，系统的热流演化。

在结冰工况中，h_i 最初为零，之后冰层逐渐增厚（h_i 增加），直到系统中的各层热阻所通过的热通量达到匹配，也就是达到了平衡状态；在融冰工况中，最初系统内全部为冰相，之后 h_i 减小，直到出现各层热阻所通过的热通量达到匹配的状态出现。图 6.3（b）所展示的是导热平衡态，对应于图 6.4 所示的导热平衡态区域所处的温度区间，冰层中的导热热流（红色曲线）和水层中的导热热流（绿色曲线）在整个 h_i 变化域内只存在一个交点，对应于结冰和融冰两种演化过程的唯一平衡状态。

图 6.3（d）所展示的是对流平衡态，对应于图 6.4 所示的对流平衡态区域所处的温度区间。冰层中的导热热流（红色曲线）、重力稳定层中的导热热流（绿色曲线）和重力不稳定层中的导热或对流热流（蓝色曲线）在整个 h_i 变化域内只存在一个交点，对应于结冰和融冰两种演化过程的唯一平衡状态。

图 6.3（c）所展示的是双平衡态，对应于图 6.4 所示的双平衡态区域所处的温度区间。从图 6.3（c）中可以看到重力不稳定层的热流呈现出强烈的非线性变化特性，在结冰过程中，系统率先在较薄的冰层厚度处达到平衡，此时系统内的传热模式为对流。在融冰过程中，系统则率先在较厚的冰层厚度处达到平衡，此时系统内的传热模式为导热，这两种平衡状态分别对应于图 6.4中双平衡态区间理论预测结果的两支曲线。

图 6.3（b）、图 6.3（c）和图 6.3（d）所示的热流曲线是通过迭代过程得到的，图 6.11 所示的流程图展示了计算平衡态的具体迭代过程。

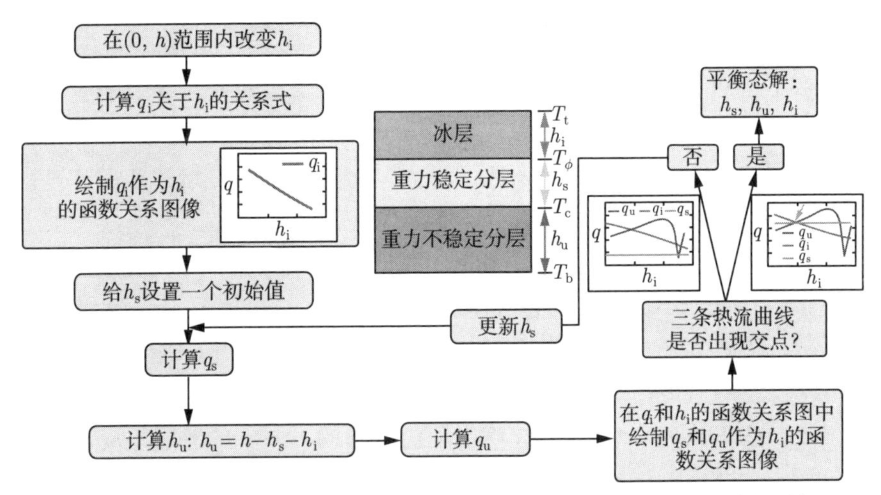

图 6.11 获得图 6.3（b）、（c）和（d）所示的热流曲线的具体迭代过程

首先，h_i 在 (0, h)（h 即整个研究域高度）的范围内变化，相应的 q_i 可以作为 h_i 的函数进行计算和绘制；然后设置 h_s 初始值从而开始迭代过程；设置 h_s 后，将获得 q_s 和 q_u 以 h_i 为自变量的函数关系；将 q_s 和 q_u 关于 h_i 的函数关系图像一并绘制在 q_i 关于 h_i 的函数图上，观察图中的三条曲线是否存在交点，若存在交点，那么此时 h_s 的数值就是系统达到平衡态的解，否则需要更新 h_s 并开始新一轮迭代，直到图中有交点出现。通过这种方法，当系统处于双稳态状态时，可以观察到两个交点，而在导热平衡态或对流平衡态时则只有一个交点。上述迭代过程适用于 $T_b > T_c$ 的情况，因为处于该温度区间时，系统中存在三个未知项（h_i、h_s 及 h_u）；当 $T_b \leqslant T_c$，此时 $h_c \equiv 0$，因此系统只有两个未知项，可以直接计算热流 q_s 和 q_i，而无须使用迭代。

6.4　对流系统的宽高比对结冰平衡态的影响

通过实验和直接数值模拟的手段，本节将在 RB 对流系统和 VC 系统中研究对流系统的宽高比（即具有不同侧向约束程度）对结冰平衡态的影响。

6.4.1　RB 对流系统平衡态冰水界面形貌特征

在 RB 对流系统中，不同 Γ 的平均冰厚度 H_i 的总体变化不大（小于 20%），而对于 VC 系统，H_i 的总体变化却高达 200%（图 6.12）。

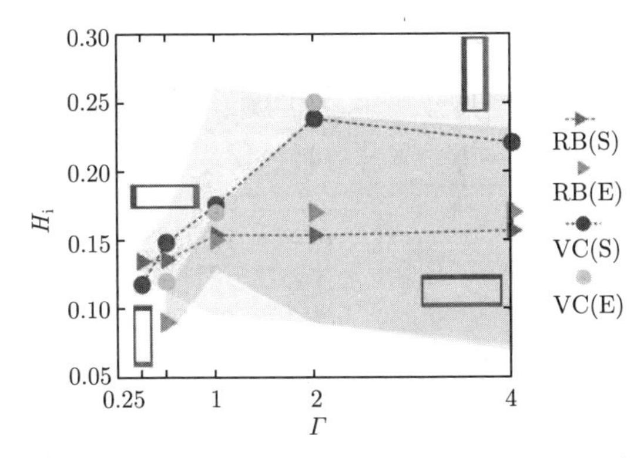

图 6.12　平衡态冰层平均厚度 H_i 对系统宽高比 Γ 的依赖关系图（前附彩图）

注：红色三角表示不同 Γ 的 RB 对流系统结冰的直接数值模拟结果（图中标示“S”）；绿色三角表示不同 Γ 的 RB 对流系统结冰的实验结果（图中标示“E”）；蓝色圆圈表示不同 Γ 的 VC 系统结冰的直接数值模拟结果（图中标示“S”）；黄色圆圈表示不同 Γ 的 VC 系统结冰的实验结果（图中标示“E”）；阴影区域显示了实验（绿色阴影区域）和直接数值模拟（红色阴影区域）中 RB 对流系统结冰工况的平衡态冰水界面的空间变化（平衡态冰水界面的空间变化定义为稳定态时平均冰层厚度 $H_i(x)$ 从最小值到最大值的变化范围）。

在 RB 对流系统中可以观察到，随着 $\Gamma \geqslant 1$，H_{i} 几乎趋于稳定状态，较大的 Γ 引起的唯一影响是相应的对流涡的数量增加，每个对流涡的宽度与高度之比约为 1（图 6.13 的子图 Ⅱ-Ⅲ，Ⅱ-Ⅳ 和 Ⅱ-V 所示的温度场中对应于 $\Gamma = 1$，2，4 的对流涡数量分别为 1、2 和 4 个）。另外还注意到，在水层中的相邻对流涡之间，冰水界面呈现局部平坦的特征，该位置与冷羽流脱离冰锋面的位置相对应。这种冰水界面的形貌特征主要是由于重力稳定层的屏蔽效应：首先，作为一个缓冲层，重力稳定层能够减轻热羽流撞击的影响，创造一个局部温度较低的环境；其次，在相邻两个对冲对流涡的边缘区域，不存在来自重力不稳定区的热羽流撞击的影响，这就创造了一个局部流动静止区域，有助于冰水界面变得局部平坦（在直接数值模拟结果中表现更为明显）。

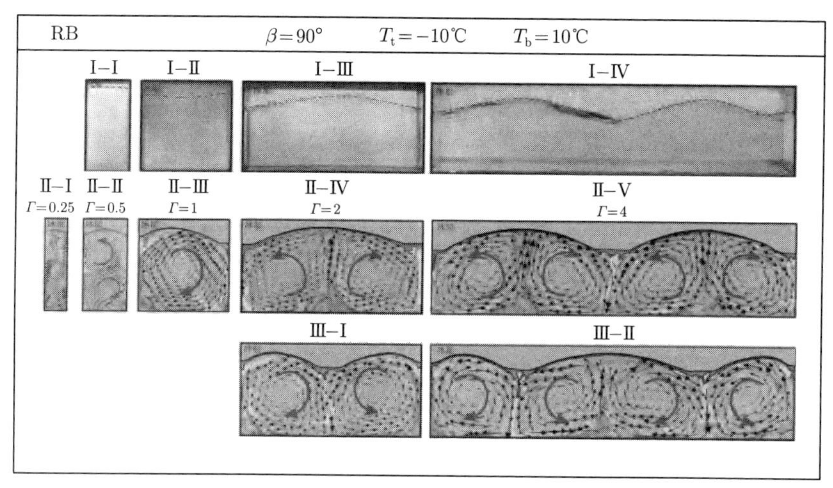

图 6.13 RB 对流系统中的平衡态冰水界面在不同对流域侧向约束下的形貌特征（前附彩图）

注：子图 I-I, I-Ⅱ, I-Ⅲ 和 I-Ⅳ 分别展示了 $\Gamma = 0.5, 1, 2, 4$ 的实验结果；子图 Ⅱ-I, Ⅱ-Ⅱ, Ⅱ-Ⅲ, Ⅱ-Ⅳ 和 Ⅱ-V 分别展示了 $\Gamma = 0.25, 0.5, 1, 2, 4$ 的直接数值模拟温度场；子图 Ⅲ-I 和 Ⅲ-Ⅱ 分别展示了 $\Gamma = 2, 4$ 的直接数值模拟结果，其控制条件分别与子图 Ⅱ-Ⅳ 和 Ⅱ-V 保持相同，但是水层中的对流涡呈现出不同的组织形式，进而冰水界面也呈现出不同的形貌特征。

另一个有趣的特征是，在相同的温度控制条件下可以对应于不同的对流稳定态，它们分别具有不同的冰水界面形貌特征，这主要是因为不同的对流涡组织形式（图 6.13 的子图 Ⅱ-Ⅳ、Ⅲ-I 和子图 Ⅱ-V、Ⅲ-Ⅱ）。这种以不同对流涡的组织形式为特征的多平衡态（或分岔特性）也存在于传统 RB 对流系统，即大尺度对流涡可以朝一个方向旋转，也可以朝相反方向旋转，这取决于初始的微小热扰动。对流与相变耦合中，当冰水界面在对流涡的某种组织形式作用下形成了一种形貌特征时，对流涡即被锁定在这种组织形式以适应这种特定的冰水界面形貌，从而形成对流涡的首选组织形式。在研究的参数范围内，本研究并未观察到系统中出现大尺度环流的反转特征。目前的实验无法控制对流涡的组织形式（例如，本实验中没有一个局部加热液体的系统），而在模拟中则可以通过设定适当的初始条件来实现对流涡组织形式的调整（例如，可以在初始温度场设定局部高温，以控制局部冰层生长速度处于较低的水平），因此本研究主要通过直接数值模拟手段观测不同对流涡组织形式所形成的多平衡态现象。总之，冰水界面的形貌特征总是被水层中大尺度环流涡的构型所决定，RB 对流系统中的冰水界面具体形貌在不同对流域侧向约束程度的影响下，可以呈现出周期性结构特征（图 6.13 的子图 Ⅱ-Ⅳ、Ⅲ-I 和子图 Ⅱ-V、Ⅲ-Ⅱ）。这种多平衡态特性可能会在未来的流动控制等应用场景中得到利用。

当 $\Gamma < 1$ 时，系统处于平衡状态时的 H_{i} 较小。在这些对流域侧向受限的情况下（$\Gamma = 0.25$ 和 0.5），水层中的多个对流涡相互堆叠，穿透重力稳定层，最终影响冰水界面的形貌（图 6.13 的子图 Ⅱ-I 和 Ⅱ-Ⅱ）。除了非常小的 Γ 之外，H_{i} 的直接数值模拟和实验结果吻合良好（图 6.12），这可能是因为非常小 Γ 的实验中侧壁的面积更大，因此外部环境的影响更大，实验和直接数值模拟结果呈现出差异。

6.4.2　VC 系统平衡态冰水界面形貌特征

对于 VC 系统的结冰情况，研究发现冰水界面的整体形貌特征对系统 Γ 依赖性较弱。如图 6.14 所示，可以观察到水层中普遍存在两个旋转方向相反的对流涡：一个对流涡来自沿冰锋面发展的冷羽流（图 6.14 蓝色粗箭头）；另一个对流涡来自加热板处脱落的热羽流（图 6.14 红色粗箭头），这种反向旋转对流涡相互竞争的特征是具有密度反转特性的工作流体所特有的。

这两个对流涡之间的竞争形成了不同 Γ 的 VC 系统中的冰水界面形貌的相似特征。随着 Γ 的增加，这两个对流涡之间的相互作用加剧，这

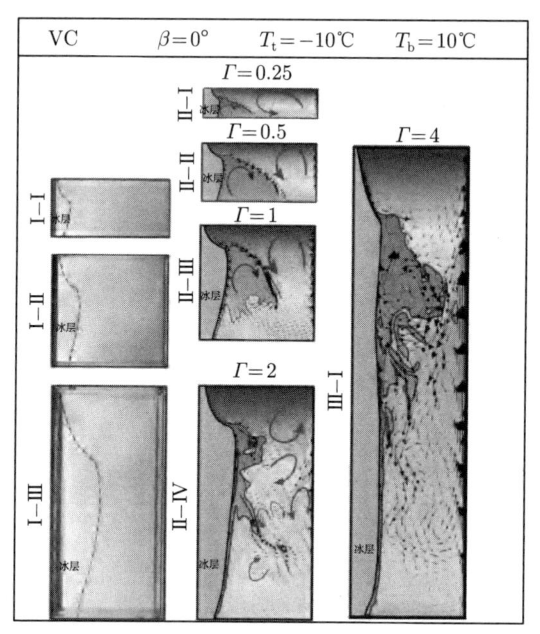

图 6.14　VC 系统中的平衡态冰水界面在不同对流域侧向约束下的形貌特征（前附彩图）

注：子图 I-I, I-Ⅱ 和 I-Ⅲ 分别展示了 $\Gamma=0.5, 1, 2$ 的实验结果；子图 Ⅱ-I, Ⅱ-Ⅱ, Ⅱ-Ⅲ, Ⅱ-Ⅳ 和 Ⅲ-I 分别展示了 $\Gamma=0.25, 0.5, 1, 2, 4$ 的直接数值模拟结果；温度场中的黑色实线和红色实线分别表示 T_ϕ 等温线和 T_c 等温线，黑色箭头表示速度矢量。

可以通过 T_c 等温线（图 6.14 中的红色实线）变形越发剧烈所证实。当 $\Gamma=2$ 时，沿着空间范围广阔的冰锋面，可以观察到冷羽流所形成的对流涡的组织性很弱，甚至仅存在局部的小区域环流，而无法组织成空间大尺度环流流动，这种特征在 $\Gamma=4$ 的工况中更加明显，热羽流对冷羽流势力范围的冲击甚至影响到冰水界面的局部形貌。VC 系统中的平均冰层厚度 H_i 首先随着 Γ 的增加略有增加，这种趋势主要是因为冷羽流对流涡的组织性渐弱，使得空间大尺度环流流动受限甚至无法形成，冷热流体掺混不充分，热阻增大，系统整体传热效率降低；在较高 Γ 区间，H_i 对 Γ 的依赖性较弱（图 6.12 中蓝色和黄色圆圈所示），这可能和冷、热羽流各自形成的对流涡的不稳定相互作用有关。需要说明的是，本研究并未对 $\Gamma<0.25$ 或 $\Gamma>4$ 的较极端范围的 Γ 值进行实验研究和直接数值模拟研究，原因主要是：①对于更小的 Γ，由于存在椭圆不稳定性[233]，在经典的 RB 对流系统内将观察到多模态的对流涡形式，系统较难达到稳定状态，而且系统对流域的侧向限制较大，壁面效应凸显，实验测量误差较大；②对于更大的 Γ，进行直接数值模拟的成本很高，且较大的对流域也造成实验成本的增加。因此在未来的工作中，需要在更全面的系统宽高比参数空间内描绘 Γ 的依赖性关系，并将相关研究拓展到三维对流系统。

6.4.3 边界层模型的进一步推广

如上所述，在 VC 系统中由于存在两个反向旋转的对流涡，其冰水界面形貌呈现出相似的特征，这种特征在第 5 章中讨论的倾斜对流系统中也有观察到。将不同 Γ 的 VC 系统的冰水界面包络线提取并叠加于图 6.15（a）中，从中可以看到冰锋面形态相似，尤其是在底部冷羽流发源的位置。为理解这种形貌特征，本节将 5.3.2 节所讨论的边界层模型进行进一步推广。

为了方便讨论，本节将首先简单概述边界层模型所基于的假设条件及其具体构型，虽然只是一个现象学模型，但是该模型揭示了控制冰水界面形貌特征的主要物理机制。

推广的边界层模型的精髓是将冰锋面附近的冷羽流所形成的对流区域分为紧贴冰锋面的热边界层区及边界层外的主流区，边界层模型的概念如图 6.15（b）所示。当系统达到平衡时，通过边界层的热通量和通过冰层的热通量之间存在平衡。引入一个曲线坐标系 $S(x)$，$S(x)$ 表示从 $x = 0$ 边界开始的冰水界面的长度，且 $x = 0$ 的变化范围和系统的宽高比相关，$S(x) = \int_0^x \sqrt{1 + \left\{\frac{\mathrm{d}[h_\mathrm{i}(\xi)]}{\mathrm{d}\xi}\right\}^2}\,\mathrm{d}\xi$。热边界层的厚度记为 $\delta_T(S)$，$\delta_T(S)$ 是 S 的函数，表示的是垂直于冰水界面方向的热边界层的厚度，如图 6.15（b）的红色双箭头所示。

为了分析穿过冰层和热边界层的热通量，需要进行以下近似计算：冰层中垂直于冰水界面的温度梯度可通过 $h_\mathrm{i}(x)/\frac{\mathrm{d}S(x)}{\mathrm{d}x}$ 近似估算；对于仍然嵌套在黏性边界层内的热边界层（$Pr \approx 11$），垂直于冰锋面的热边界层内为纯导热 [37]。那么垂直于冰水界面方向的热通量平衡可以表示为 $k_\mathrm{i}\frac{(T_\phi - T_\mathrm{t})}{h_\mathrm{i}(x)\frac{\mathrm{d}S(x)}{\mathrm{d}x}} = k_\mathrm{w}\frac{(T_\mathrm{m} - T_\phi)}{\delta_T[S(x)]}$。$\delta_T(S)$ 根据 $\delta_T(S) = C_1(S + C_2)^{1/4}$ 确

定，其中包含两个参数，一个是 $C_1 = c\ \{g[1-\rho(T_{\rm m})/\rho_{\rm c}]/(\nu\kappa)\}^{1/4}$，$c$ 是比例常数（$c \approx 5\ {\rm m}^{3/4}$，$c$ 有单位 ${\rm m}^{3/4}$ 以使 C_1 无量纲化）；另一个是由于 $x=0$ 处边界层厚度非零特性所引入的偏移量 C_2，且 $C_2 = \{h_{\rm i}(0)[k_{\rm w}(T_{\rm m}-T_{\phi})]/[k_{\rm i}(T_{\phi}-T_{\rm t})]/C_1\}^{1/4}$ [227-229]。通过调整上述分析中 x（平行于冷板或热板的方向）的范围，即可实现对不同宽高比系统中的冰水界面预测。

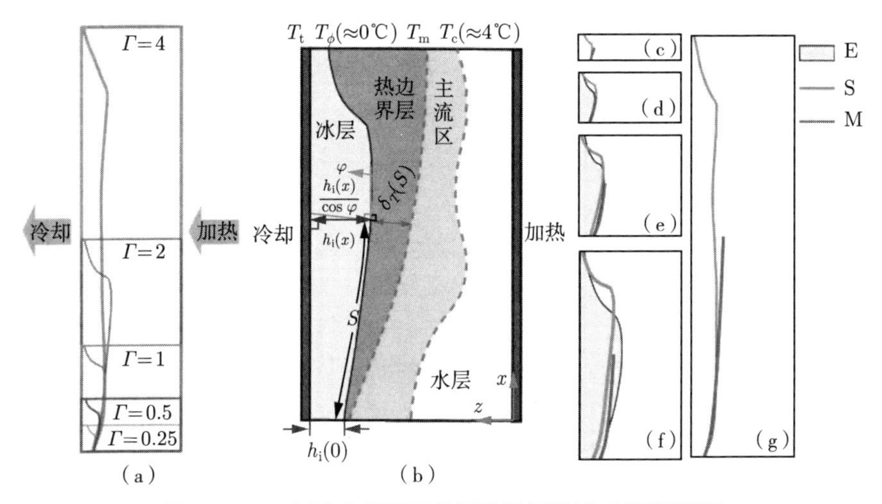

图 6.15 预测冰水界面形貌的边界层模型（前附彩图）

(a) 不同 Γ 的 VC 系统的冰水界面形状叠加图；(b) 边界层模型概念图；(c) ～ (g) 冰水界面形貌的实验（蓝色阴影区域，标示 E）、直接数值模拟（绿线，标示 S）和边界层模型（红线，标示 M）结果对比

注：在图 (a) 中，对流域左侧冷却，右侧加热；在图 (b) 中，重要交界线包括 T_ϕ 等温线（黑色实线，即冰水界面交界线）、$T_{\rm c}$ 等温线（绿色虚线）以及 $T_{\rm m}$ 等温线（红色虚线，即热边界层和对流主体区的交界线）。冰锋面的切线方向与 x 轴方向之间的夹角为 φ；垂直于冰锋面的冰厚度（冰层中的绿色粗线）为 $\dfrac{h_{\rm i}(x)}{\cos\varphi}$（其中 $\cos\varphi = \dfrac{{\rm d}S}{{\rm d}x}$）；在图 (c) ～ (g) 中，相应的系统宽高比为 $\Gamma = 0.25$, 0.5, 1, 2, 4。

图 6.15（c）～ 图 6.15（g）展示了实验、直接数值模拟和边界层模型预测的冰水界面形态比较，三者在冰锋面的底部（冷羽流发源的地方）达成了良好的定性一致，这表明冰水界面的确切形貌特征确实是由热边界层主导的。

当 Γ 较大时（图 6.15（f）），直接数值模拟和实验得出的冰水界面形貌略有不同，这可能是因为此时冰锋面的空间范围较大，沿着冰锋面发展的冷羽流所形成的对流涡和热羽流所形成的对流涡之间的相互作用加剧，对流涡的组织性很弱，原先自组织的大尺度环流破碎成局部较小的涡流形式，热羽流对冰水界面的冲击影响到冰水界面的局部形貌，这种特征在图 6.14中也可以观察到。

6.5　本章小结

本章通过实验、直接数值模拟和理论建模的手段，探索了自然对流与相变耦合系统的多平衡态问题，进一步扩展了现有的对流和相变耦合系统的实验测量和数值模拟。

在 RB 对流系统中，结冰或融冰的历史效应会造成系统在中等热驱动强度时（处于区间-3 的温度范围）出现双平衡态现象，即在相同的外部控制条件下，结冰和融冰两种不同演化过程会导致系统的不同平衡状态。

本章建立了一个一维热流模型，该模型部分依赖于经典 RB 对流系统中已知的传热标度关系（Nu 和 Ra 的关系），能够根据初始条件预测系统中平衡态的多重性。

在 VC 系统中，系统的演化则独立于结冰或融冰的历史效应而达到相同的平衡状态，即双平衡态现象在 VC 系统中不存在。同时，VC 系统的平衡态和冰水界面形貌特征具有高度稳健性，这主要是由于 VC 系统的温度梯度和重力方向垂直，从而导致系统内固有热不稳定性，始终存在两个反向旋转的对流涡之间的竞争。

同时，通过实验和直接数值模拟研究了结冰条件下 RB 对流系统和 VC 系统中的冰水界面形貌对系统的宽高比 Γ 的依赖性。结果表明，对于 RB 对流系统，$\Gamma \geqslant 1$ 时，平均冰层厚度几乎与 Γ 无关，冰水界面呈现出较大的空间波动，在水层中存在多个对流涡，并在相邻对流涡之间呈现冰水界面局部平坦特征。在相同的外部控制条件下，观察到对流平衡态可以平衡在多种形式的冰水界面形貌，这主要是由不同的对流涡组织形式所造成的。但是一旦系统达到特定的冰水界面形貌，对流涡的流动方向倾向于锁定在某个方向，以与冰水界面的具体形貌特征相匹配。这种多平衡态行为为维持倾向性的流动结构或固-液界面形态的相关流动控制提供了可能性。

对 VC 系统而言，尽管平均冰层厚度随 Γ 的变化所产生的差异相较于 RB 对流系统变大，但是其冰水界面形貌却呈现出相似的特征，这种冰水界面形貌特征主要是由于系统内存在两个相互竞争的反向旋转对流涡，并由沿冰锋面向上不断发展的热边界层所控制。

希望通过本章关于理想条件下水的相变（融冰或结冰）的研究方法及所揭示的物理机制，为相关工业应用中的流动控制提供理论支撑和思路启发。

第 7 章　总结与展望

7.1　全书总结

自然对流在自然界中十分常见（如海洋中的冷暖洋流、大气的对流运动等），同时在日常生活及工业领域也具有广泛的应用价值（如工业散热器、生活中的室内暖气管道散热等）。当自然对流和相变边界条件（液-气相变或固-液相变）进行耦合，又会给对流系统的研究带来新的复杂性和挑战性。本书从自然对流与液-气相变边界耦合系统及自然对流与固-液相变边界耦合系统两个角度出发，对多相热湍流动力学和输运特性进行了研究。

对于自然对流与液-气相变边界耦合系统，本书关注的是如何极大限度地增强传热效率、突破自然对流传热极限，这对于提高工业生产效率和节约能源等应用领域具有重要意义。为解决这些应用领域关注的核心问题，本书另辟蹊径地提出两相“类催化性颗粒”湍流这一新理念，通过自主设计并搭建两相热对流沸腾-凝结实验平台，从实验角度直接证明两相“类催化性颗粒”湍流增强传热效率的可行性，并揭示控制传热增强的物理机制，同时也证明了在不同工况的条件下，两相“类催化性颗粒”湍流系统增强传热的强稳健性。

自然对流的复杂流动过程与水体中固-液相变边界（融化和凝固）的耦合作用，在塑造地球景观方面 (如地貌、地形等) 具有十分重要的推动作用。准确量化水体环境与冰的相变过程的动态相互作用，以及正确预测冰演化的动力学特性、冰水界面形貌特征等对深入理解海洋、地球物理等系统中的相变与湍流的耦合效应及其所导致的景观演化等具有十分重要的现实意义。为解决上述关键问题，本书自主设计并搭建了两相热对流结冰-融冰实验平台，发展并完善了直接数值模拟手段，以探究结冰的动力学特性决定因素和决定冰水界面形貌特征的物理原因。通过理论建模方法，提出预测平衡态系统全局响应参数、冰水界面形貌的重要特征，以及涉及移动固-液界面多平衡态等的流体力学模型。

本书的主要研究成果现简单概括如下。

（1）针对如何极大限度地增强传热效率、突破自然对流固有传热极限等相关问题，提出“类催化性颗粒”湍流的新理念，即在以水为工作液体的传统自然对流系统内引入少量的低沸点液体（低沸点液体和水不混溶，密度比水大，安全无毒且环境友好），通过控制系统的加热和冷却温度，使低沸点液体发生气-液相变循环，从而形成高效的两相“类催化性颗粒”湍流机制。通过自主设计并搭建两相热对流沸腾-凝结实验平台，从实验角度直接证明两相“类催化性颗粒”湍流机制能够从很小的温度梯度中汲取能量，工作环境安全，可以有效增强自然对流传热效率。通过分析实验数据并结合严密的理论建模，揭示了控制传热增强的物理原因，即相变潜热的贡献及气泡流导致的湍流场掺混效应。在这一新型的湍流传热系统中，研究发现了除传统热载体（冷、热羽流）之外的更高效热载体，包括上升气泡、下降液滴及两相羽流的“类催化性颗粒”，它们形成了极高效的相干结构，从而超越湍流掺混带来的固有限制，可以极高效率地实现自组织、自维持的热量输运。值得注意的是，这种新型“类催化性颗粒”湍流机制的产生，不需要对已有的换热设备进行大幅度的结构改造，工作液体（水）的工作温度可以保持在较低的水平（远低于水的沸点温度），因此该湍流系统可以安全、高效、长时间地稳定运行。此外，通过实验还证明了“类催化性颗粒”湍流机制增强流体掺混特性的潜力。“类催化性颗粒”湍流的新理念为提升对流传热效率提供了新思路，为解决换热设备难以增强传热效率、节约能源这一长久存在的挑战打下了坚实的理论基础。

（2）从实验角度探究了不同工况对两相“类催化性颗粒”湍流系统的影响。探究的不同工况分别为：加入不同体积分数的低沸点液体（HFE-7000 体积分数分别为 0.5%，1%和 4%），以及将系统的加热和冷却温度进行解耦（系统加热或冷却温度的变化相互独立）。对于加入不同体积分数的低沸点液体，实验发现系统的单相和两相状态传热特性变化趋势存在差异。在单相区，随着 HFE-7000 所加入的体积分数增加，系统的全局传热效率反而降低，这主要是因为单相区系统的传热模式是纯导热模式，传热效率主要取决于系统的热阻，即水层和 HFE-7000 液体层，而导热系数较小的 HFE-7000 液体层相当于“热的不良导体”。因此在单相区，系统的热阻相当于是在水层的基础上串联了一个较大的热阻，且 HFE-7000 的热阻效应随着加入 HFE-7000 体积分数的增加而愈加显著，故系统的全局传热效率反而呈现降低的态势。两相区间时，在很少的 HFE-7000 蒸气体积分数作用下，系统的热输运效率呈现出随过热度增加而线性增加的趋势；当下板处于相同过热度时，在实验研究的参数范围内，系统的传热在加入体积分数 $\phi = 4\%$ 的 HFE-7000 时增强最强，最高可达到约 800%。与系统处于单相时相比，向系统加入不同体积分数 ϕ 的 HFE-7000 液体，系统上板和下板的温度在两相区显示出不同程度的脉动特征，这和下板处低沸点液体层的厚度有关。随着系统过热度的增加，系统加热和冷却板的温度脉动会突然增长，这主要是因为低沸点液体的气-液相变循环引起加热板不同位点间歇性的“淬火”（HFE-7000 液体吸收热量发生沸腾）和“加热”效应（HFE-7000 液体不断补充成核点位置），以及剧烈的两相羽流的产生和脱离。在实验研究的工况（改变加入系统的 HFE-7000 液体体积分数、将上板和下板的温度控制进行解耦）中，系统均呈现出不同程度的传热增强的特征，这说明两相“类催化性颗粒”湍流系统对传热增强的稳健性。

（3）通过实验、理论建模预测及直接数值模拟相结合的手段，本书系统地研究了不同程度的热分层下流动和冰生长之间的耦合动力学特性。研究发现当考虑水的密度随温度的非单调变化，并结合已知的湍流热对流的热输运标度律理论[27]，可使理论建模预测结果和直接数值模拟结果及同条件下的实验结果符合良好，从而揭示水的密度反转特性对于正确预测水的固-液相变系统的演化行为具有重要意义。随着热驱动力强度增加，系统存在四种不同的平衡状态传热与流动耦合机制，每种机制分别具有不同的热分层特性、传热模式及冰水界面形貌特征，只要冰水界面附近仍存在水平分布的连续重力稳定分层区域，冰面最终在平衡时始终呈现出平直的状态，这与是否存在不稳定分层无关。在高度湍流化的热驱动力区间，重力不稳定区突破重力稳定分层对冰锋面的保护，使得冰水界面发生剧烈的变形。通过分析冰层生长的动力学过程，发现冰层在生长初期呈现出由纯导热控制的扩散式生长模式；而在冰层生长后期，水中的对流占主导，且系统的加热板温度越高，冰层生长偏离扩散增长规律发生得越早。不同的环境条件可以调整平衡时所处的状态（包括热分层和冰水界面形貌特征）及系统达到平衡时所需要的时间（在研究的参数范围内结冰达到平衡的时间在几小时到几天的范围变化）。本书所采用的研究方法基于可控实验、完全解析的直接数值模拟及可以捕捉系统重要行为的理论建模分析，为相关的研究提供了很好的方法借鉴，并且研究所揭示的机理可以针对具体的问题进行合理推广，从而对相应的结冰时间尺度进行合理预测。此研究所揭示的物理机制对对流和凝固过程的耦合动力学提供了更深刻的见解，同时有助于理解地球地形和地貌的结构与演化及天体运行等相关问题。

（4）通过实验、直接数值模拟和理论建立流体力学与传热学模型的手段揭示了影响系统平衡状态的冰水界面形貌特征的物理机制：一是系统的热驱动力强度；二是系统的温度梯度与重力方向存在夹角。通过分析具有倾角的对流换热与相变耦合系统，发现在水的密度随温度非单调变化的作用下，处于垂直对流工况及系统倾角 $\beta = 90^\circ$ 附近的倾斜角度区间工况时，系统的流体层内存在沿冰锋面发展的冷羽流及其所形成的对流涡，其与起源于加热板面的热羽流形成的对流涡相互竞争，从而形成一种特殊且具有稳健性特征的冰水界面空间形貌：随着冷羽流的形成与发展，冰层厚度增加，而后在热羽流的撞击影响下，冰层逐渐变薄。为了解释由两个方向相反的对流涡相互竞争所导致的平衡态冰水界面形貌特征，本书进行了理论建模分析：首先基于 VC 系统建立了边界层模型，而后将之推广到考虑系统倾斜效应的倾斜系统，在宽 β 范围对冷羽流生成及发展阶段的冰水界面的局部形貌特征进行了较好的预测；更进一步地，建立了浮力强度模型，针对冰层存在局部最厚位置这一重要特征给出了定性的解释。所解释的物理机制为理解相变和自然对流的耦合所引起的液-固相变界面形貌提供了更深入的见解，有助于理解由流动、相变和热分层的耦合行为形成的自然景观及地形地貌等特征。

（5）通过实验、直接数值模拟和理论建模三者结合的研究手段对自然对流中移动固-液界面相关的多平衡态问题进行了研究。研究发现，在

RB 对流系统中，即使外部控制条件相同，结冰或融冰的历史效应也会造成系统在中等热驱动强度时出现双平衡态现象，且该现象可以通过一维热流模型根据初始条件进行预测。但是在 VC 系统中，系统的平衡状态则独立于结冰或融冰的历史效应，即在 VC 系统中不存在双平衡态现象。相反，VC 系统的平衡态和冰水界面形貌特征具有高度稳健性，这主要是由于 VC 系统的温度梯度和重力方向垂直，从而导致系统内固有热不稳定性，水层内始终存在两个旋转方向相反的对流涡相互竞争。同时，本书还对结冰条件下 RB 对流系统和 VC 系统中的冰水界面形貌对系统宽高比 Γ 的依赖性进行了研究。结果表明，对于 RB 对流系统，$\Gamma \geqslant 1$ 时平均冰层厚度几乎与 Γ 无关，冰水界面呈现出较大的空间波动，在水层中存在多个对流涡，并在相邻对流涡之间呈现冰水界面局部平坦特征。在相同的外部控制条件下，不同的对流涡组织形式可以形成多种形式的对流平衡态冰水界面形貌。一旦系统达到特定的冰水界面形貌，对流涡的流动方向倾向于锁定在与冰水界面具体形貌特征相匹配的某个方向。就 VC 系统而言，尽管平均冰层厚度随 Γ 的变化所产生的差异相较于 RB 对流系统变大，但是其冰水界面形貌却呈现出相似的特征，这种冰水界面形貌特征主要是由于系统内存在两个相互竞争的反向旋转对流涡，并由沿冰锋面向上不断发展的热边界层所控制，通过将边界层模型推广到不同尺寸系统可以对固-液界面形貌的局部特征进行预测。研究所揭示的多平衡态现象为维持倾向性的流动结构或固-液界面形态的相关流动控制提供了可能性。

7.2　研究创新点

本书的研究工作主要有以下创新点。

（1）提出两相“类催化性颗粒”湍流的新理念，并证明了其大幅度提升湍流换热效率的可行性；揭示了传热大幅度增强的物理机制为相变潜热和气泡流所引起的流场掺混效应，同时揭示了不同工况下两相“类催化性颗粒”湍流对传热增强均具有稳健性特征。

（2）研究了考虑水密度反转特性对水的固-液相变过程演化的影响；揭示了当涉及结冰问题时，由于存在水的密度反转及其所导致的稳定和不稳定层与相变、湍流等的复杂耦合作用，需要合理考虑水的密度反转特性才能对系统的动力学行为和冰水界面形貌特征进行正确预测。

（3）研究了倾斜对流系统中的两个方向相反对流涡竞争的动力学特性；揭示了决定冰面形貌特征的物理机制的定量依赖关系，发现含有相变的湍流热对流系统结冰和融冰过程多平衡态特征，并揭示了其产生的物理原因。

7.3　未来展望

本书基于具有相变边界条件的热湍流动力学和热输运特性，分别对大幅度增强自然对流传热效率及水的固-液相变边界和热湍流耦合系统内的动力学特性、冰水界面形貌特征及其物理机制以及多稳态问题展开研究，围绕上述问题搭建了气-液相变实验平台和固-液相变实验平台，并完善了模拟水的固-液相变的直接数值模拟方法。而在真实的自然界和实际的工业应用和生产中，上述问题将包含更复杂的影响因素，这也是本书未涉及之处，同时也为后续研究指明了方向，现将未来可继续探索的方向总结如下。

（1）针对两相“类催化性颗粒”湍流增强自然对流换热效率的问题，由于实验手段的限制（如对流槽冷却效率提升困难及实验装置制作材料耐受温度有限等），目前已有研究的参数空间有限，故仍需进一步拓宽实验工况。例如，探索是否存在最优传热效率所对应的工况（低沸点液体体积分数、过热度、过冷度等）及最优匹配参数判据，两相“类催化性颗粒”湍流的作用效果是否与对流槽的尺寸有关，“类催化性颗粒”的物性参数的影响，在不同压强条件下两相“类催化性颗粒”湍流的热输运效率有何变化等。

（2）结冰和融冰的时间取决于特定的系统参数，在各种真实的自然环境中，其参数空间和本书中的参数范围不可避免存在差异，如冰山的特征长度远大于本研究中所涉及的特征长度。故需要在极端系统尺寸等更全面的参数空间内描绘系统的动力学特性、热输运特性及界面形貌特征，同时需要探索如何将本书所揭示的物理机制和建立的理论模型进行推广。

（3）本书关于水的固-液相变研究主要考虑的是纯水，故需考虑更复杂的自然和工业场景中涉及的关键因素。例如：持续剪切流的影响[82,155,234]（风力场或强制对流等）、旋转效应[235]、包含不同溶质浓度的盐溶液的固-液相变问题（需同时考虑浓度梯度及温度梯度的影响、深水环境中的极高压力场的影响等）。在这些问题的探索过程中，对地球物理和气候形成过程的恰当建模非常重要。

（4）本书所涉及的相变，均为在边界处施加温度控制以达到在该边界发生气-液相变或液-固相变，并未涉及在湍流体区发生相变的情况。因此未来可考虑通过辐射加热控制气-液相变发生的位置，或通过人为引入成核点控制液-固相变发生的位置等方法探究在湍流体区发生相变时的动力学和热输运特性。

参考文献

[1] HARTMANN D L, MOY L A, FU Q. Tropical convection and the energy balance at the top of the atmosphere[J]. J. Climate, 2001, 14(24): 4495-4511.

[2] MARSHALL J, SCHOTT F. Open-ocean convection: observations, theory, and models[J]. Rev Geophys, 1999, 37(1): 1-64.

[3] BRENT A D, VOLLER V R, REID K J. Enthalpy-porosity technique for modeling convection-diffusion phase change - application to the melting of a pure metal[J]. Num Heat Transfer, 1988, 13(3): 297-318.

[4] KAKAÇ S, YÜNCÜ H, HIJIKATA K. Cooling of electronic systems[M]. Cesme, Turkry: Springer Science & Business Media, 2012.

[5] LAKKARAJU R, STEVENS R J A M, ORESTA P, et al. Heat transport in bubbling turbulent convection[J]. Proc Natl Acad Sci USA, 2013, 110(23): 9237-9242.

[6] STICHLMAIR J G, KLEIN H, REHFELDT S. Distillation: principles and practice[M]. Hoboken, New Jersey: John Wiley & Sons, 2021.

[7] ZHAO L, GUO L, BAI B, et al. Convective boiling heat transfer and two-phase flow characteristics inside a small horizontal helically coiled tubing once-through steam generator[J]. Int J Heat Mass Transf, 2003, 46(25): 4779-4788.

[8] BRANDEIS G, JAUPART C. On the interaction between convection and crystallization in cooling magma chambers[J]. Earth Planet Sci Lett, 1986, 77(3-4): 345-361.

[9] BRANDEIS G, MARSH B D. The convective liquidus in a solidifying magma chamber: a fluid dynamic investigation[J]. Nature, 1989, 339(6226): 613-616.

[10] SPARKS R S J, ANNEN C, BLUNDY J D, et al. Formation and dynamics of magma reservoirs[J]. Philos Trans R Soc A, 2019, 377(2139): 20180019.

[11] ULVROVÁ M, LABROSSE S, COLTICE N, et al. Numerical modelling of convection interacting with a melting and solidification front: application

to the thermal evolution of the basal magma ocean[J]. Phys Earth Planet Inter, 2012, 206: 51-66.

[12] BARSKOV K, STEPANENKO V, REPINA I, et al. Two regimes of turbulent fluxes above a frozen small lake surrounded by forest[J]. Boundary Layer Meteorol, 2019, 173(3): 311-320.

[13] DAVISON B J, COWTON T R, COTTIER F R, et al. Iceberg melting substantially modifies oceanic heat flux towards a major greenlandic tidewater glacier[J]. Nat Commun., 2020, 11(1): 1-13.

[14] HESTER E W, MCCONNOCHIE C D, CENEDESE C, et al. Aspect ratio affects iceberg melting[J]. Phys Rev Fluids, 2021, 6(2): 023802.

[15] STEWART C L, CHRISTOFFERSEN P, NICHOLLS K W, et al. Basal melting of ross ice shelf from solar heat absorption in an ice-front polynya [J]. Nat Geosci, 2019, 12(6): 435-440.

[16] STEVENS C, HULBE C, BREWER M, et al. Ocean mixing and heat transport processes observed under the ross ice shelf control its basal melting [J]. Proc Natl Acad Sci USA, 2020, 117(29): 16799-16804.

[17] WEARING M G, STEVENS L A, DUTRIEUX P, et al. Ice-shelf basal melt channels stabilized by secondary flow[J]. Geophys Res Lett, 2021, 48(21): e2021GL094872.

[18] MEAKIN P, JAMTVEIT B. Geological pattern formation by growth and dissolution in aqueous systems[J]. Proc R Soc A, 2010, 466(2115): 659-694.

[19] DESER C, WALSH J E, TIMLIN M S. Arctic sea ice variability in the context of recent atmospheric circulation trends[J]. J Clim, 2000, 13(3): 617-633.

[20] TAYLOR M P, WELCH B J, MCKIBBIN R. Effect of convective heat transfer and phase change on the stability of aluminium smelting cells[J]. AIChE J, 1986, 32(9): 1459-1465.

[21] WORSTER M G. Convection in mushy layers[J]. Annu Rev Fluid Mech, 1997, 29(1): 91-122.

[22] GLICKSMAN M E. Principles of solidification: an introduction to modern casting and crystal growth concepts[M]. New York, USA: Springer Science & Business Media, 2010.

[23] NAZIR H, BATOOL M, OSORIO F J B, et al. Recent developments in phase change materials for energy storage applications: a review[J]. Int J Heat Mass Transf, 2019, 129: 491-523.

[24] SIGGIA E D. High Rayleigh number convection[J]. Annu Rev Fluid Mech, 1994, 26: 137-168.

[25] BODENSCHATZ E, PESCH W, AHLERS G. Recent developments in Rayleigh-Bénard convection[J]. Ann Rev Fluid Mech, 2000, 32(1): 709-778.

[26] 周全, 孙超, 郗恒东, 等. 湍流热对流中的若干问题[J]. 物理, 2007, 36(9): 657-663.

[27] AHLERS G, GROSSMANN S, LOHSE D. Heat transfer and large scale dynamics in turbulent Rayleigh-Bénard convection[J]. Rev Mod Phys, 2009, 81(2): 503.

[28] LOHSE D, XIA K Q. Small-scale properties of turbulent Rayleigh-Bénard convection[J]. Annu Rev Fluid Mech, 2010, 42: 335-364.

[29] CHILLÀ F, SCHUMACHER J. New perspectives in turbulent Rayleigh-Bénard convection[J]. Eur Phys J E, 2012, 35(7): 58.

[30] KADANOFF L P. Turbulent heat flow: structures and scaling[J]. Phys Today, 2001, 54(8): 34-39.

[31] 余荔, 宁利中, 魏炳乾, 等. Rayleigh-Bénard 对流及其在工程中的应用[J]. 水资源与水工程学报, 2008, 19(3): 52-54.

[32] 马行行, 韦同舟, 蔡伟华, 等. 二维方腔内牛顿流体 Rayleigh-Bénard 热对流稳定性分析[C]//中国力学大会. 上海：中国力学学会，2015.

[33] XIE Y C, HU Y B, XIA K Q, et al. Universal fluctuations in the bulk of Rayleigh–Bénard turbulence[J]. J Fluid Mech, 2019, 878.

[34] XIE Y C, DING G Y, XIA K Q . Flow topology transition via global bifurcation in thermally driven turbulence[J]. Phys Rev Lett, 2018, 120(21): 214501.

[35] NI R, HUANG S D, XIA K Q . Reversals of the large-scale circulation in quasi-2d Rayleigh–Bénard convection[J]. J Fluid Mech, 2015, 778.

[36] SUGIYAMA K, NI R, STEVENS R J A M, et al. Flow reversals in thermally driven turbulence[J]. Phys Rev Lett, 2010, 105(3): 034503.

[37] SUN C, CHEUNG Y H, XIA K Q. Experimental studies of the viscous boundary layer properties in turbulent Rayleigh-Bénard convection[J]. J Fluid Mech, 2008, 605: 79.

[38] XIA K Q. How heat transfer efficiencies in turbulent thermal convection depend on internal flow modes[J]. J Fluid Mech, 2011, 676: 1-4.

[39] XU A, CHEN X, WANG F, et al. Correlation of internal flow structure with heat transfer efficiency in turbulent Rayleigh–Bénard convection[J]. Physics of Fluids, 2020, 32(10): 105112.

[40] CHEN X, WANG D P, XI H D. Reduced flow reversals in turbulent convection in the absence of corner vortices[J]. J Fluid Mech, 2020, 891.

[41] CHEN X, HUANG S D, XIA K Q, et al. Emergence of substructures inside

the large-scale circulation induces transition in flow reversals in turbulent thermal convection[J]. J Fluid Mech, 2019, 877.

[42] XI H D, ZHANG Y B, HAO J T, et al. Higher-order flow modes in turbulent Rayleigh–Bénard convection[J]. J Fluid Mech, 2016, 805: 31-51.

[43] XI H D, ZHOU S Q, ZHOU Q, et al. Origin of the temperature oscillation in turbulent thermal convection[J]. Phys Rev Lett, 2009, 102(4): 044503.

[44] XI H D, XIA K Q. Cessations and reversals of the large-scale circulation in turbulent thermal convection[J]. Phys Rev E, 2007, 75(6): 066307.

[45] XI H D, ZHOU Q, XIA K Q. Azimuthal motion of the mean wind in turbulent thermal convection[J]. Phys Rev E, 2006, 73(5): 056312.

[46] SUN C, XI H D, XIA K Q. Azimuthal symmetry, flow dynamics, and heat transport in turbulent thermal convection in a cylinder with an aspect ratio of 0.5[J]. Phys Rev Lett, 2005, 95(7): 074502.

[47] WANG Q, XIA S N, WANG B F, et al. Flow reversals in two-dimensional thermal convection in tilted cells[J]. J Fluid Mech, 2018, 849: 355-372.

[48] 徐丰, 崔会敏. 侧加热腔内的自然对流[J]. 力学进展, 2014, 44(1): 98-136.

[49] 李开继, 宁利中, 宁碧波, 等. 侧加热腔体内对流特性的研究[J]. 西安理工大学学报, 2016, 32(1): 52-57.

[50] JIANG H C, ZHU X J, MATHAI V, et al. Convective heat transfer along ratchet surfaces in vertical natural convection[J]. J Fluid Mechs, 2019, 873: 1055-1071.

[51] ZWIRNER L, EMRAN M S, SCHINDLER F, et al. Dynamics and length scales in vertical convection of liquid metals[J]. J Fluid Mech, 2022, 932.

[52] DU Y B, TONG P. Turbulent thermal convection in a cell with ordered rough boundaries[J]. J Fluid Mech, 2000, 407: 57-84.

[53] DU Y B, TONG P. Enhanced heat transport in turbulent convection over a rough surface[J]. Phys Rev Lett, 1998, 81(5): 987.

[54] TISSERAND J C, CREYSSELS M, GASTEUIL Y, et al. Comparison between rough and smooth plates within the same Rayleigh-Bénard cell[J]. Phys Fluids, 2011, 23(1): 015105.

[55] WAGNER S, SHISHKINA O. Heat flux enhancement by regular surface roughness in turbulent thermal convection[J]. J Fluid Mech, 2015, 763: 109-135.

[56] NGUYEN T B, LIU D, KAYES M I, et al. Critical heat flux enhancement in pool boiling through increased rewetting on nanopillar array surfaces[J]. Sci Rep, 2018, 8(1): 4815.

[57] JIANG H C, ZHU X J, MATHAI V, et al. Controlling heat transport and

flow structures in thermal turbulence using ratchet surfaces[J]. Phys Rev Lett, 2018, 120(4): 044501.

[58] ZHANG Y Z, SUN C, BAO Y, et al. How surface roughness reduces heat transport for small roughness heights in turbulent Rayleigh-Bénard convection[J]. J Fluid Mechs, 2018, 836.

[59] CHONG K L, HUANG S D, KACZOROWSKI M, et al. Condensation of coherent structures in turbulent flows[J]. Phys Rev Lett, 2015, 115(26): 264503.

[60] BAO Y, CHEN J, LIU B F, et al. Enhanced heat transport in partitioned thermal convection[J]. J Fluid Mech, 2015, 784: R5.

[61] CHEN J, BAO Y, YIN Z X, et al. Theoretical and numerical study of enhanced heat transfer in partitioned thermal convection[J]. Int J Heat Mass Transf, 2017, 115: 556-569.

[62] CORCIONE M, QUINTINO A, RICCI E. Heat transfer enhancement in Rayleigh-Bénard convection of liquids using suspended adiabatic honeycombs[J]. Int J Therm Sci, 2018, 127: 351-359.

[63] STEVENS R J A M, ZHONG J Q, CLERCX H J H, et al. Transitions between turbulent states in rotating Rayleigh-Bénard convection[J]. Phys Rev Lett, 2009, 103(2): 024503.

[64] CHONG K L, YANG Y, HUANG S D, et al. Confined Rayleigh-Bénard, rotating Rayleigh-Bénard, and double diffusive convection: a unifying view on turbulent transport enhancement through coherent structure manipulation [J]. Phys Rev Lett, 2017, 119(6): 064501.

[65] BUONGIORNO J, VENERUS D C, PRABHAT N, et al. A benchmark study on the thermal conductivity of nanofluids[J]. J Appl Phys, 2009, 106(9): 094312.

[66] BENZI R, CHING E S C. Polymers in fluid flows[J]. Annu Rev Condens Matter Phys, 2018, 9: 163-181.

[67] BENZI R, CHING E S C, DE ANGELIS E. Effect of polymer additives on heat transport in turbulent thermal convection[J]. Phys Rev Lett, 2010, 104(2): 024502.

[68] ALARDS K M J, KUNNEN R P J, CLERCX H J H, et al. Statistical properties of thermally expandable particles in soft-turbulence Rayleigh-Bénard convection[J]. Eur Phys J E, 2019, 42(9): 1-12.

[69] KHANAFER K, VAFAI K, LIGHTSTONE M. Buoyancy-driven heat transfer enhancement in a two-dimensional enclosure utilizing nanofluids[J]. Int J Heat Mass Transf, 2003, 46(19): 3639-3653.

[70] HWANG K S, LEE J H, JANG S P. Buoyancy-driven heat transfer of water-based Al_2O_3 nanofluids in a rectangular cavity[J]. Int J Heat Mass Transf, 2007, 50(19-20): 4003-4010.

[71] PUTRA N, ROETZEL W, DAS S K. Natural convection of nano-fluids[J]. Heat Mass Transf, 2003, 39(8-9): 775-784.

[72] AHLERS G, NIKOLAENKO A. Effect of a polymer additive on heat transport in turbulent Rayleigh-Bénard convection[J]. Phys Rev Lett, 2010, 104(3): 034503.

[73] GVOZDIĆ B, ALMÉRAS E, MATHAI V, et al. Experimental investigation of heat transport in homogeneous bubbly flow[J]. J Fluid Mech, 2018, 845: 226-244.

[74] GVOZDIĆ B, DUNG O Y, ALMÉRAS E. Experimental investigation of heat transport in inhomogeneous bubbly flow[J]. Chem Eng Sci, 2019, 198: 260-267.

[75] ZHONG J Q, FUNFSCHILLING D, AHLERS G. Enhanced heat transport by turbulent two-phase Rayleigh-Bénard convection[J]. Phys Rev Lett, 2009, 102(12): 124501.

[76] GUZMAN D N, XIE Y, CHEN S, et al. Heat-flux enhancement by vapour-bubble nucleation in Rayleigh-Bénard turbulence[J]. J Fluid Mech, 2016, 787: 331-366.

[77] 肖小康, 余同谱, 刘国华. Rayleigh-Bénard 热对流强化传热技术进展[J]. 可持续能源, 2016, 06(5): 91-105.

[78] ESFAHANI B R, HIRATA S C, BERTI S, et al. Basal melting driven by turbulent thermal convection[J]. Phys Rev Fluids, 2018, 3(5): 053501.

[79] FAVIER B, PURSEED J, DUCHEMIN L. Rayleigh-Bénard convection with a melting boundary[J]. J Fluid Mech, 2019, 858: 437-473.

[80] SATBHAI O, ROY S, GHOSH S, et al. Comparison of the quasi-steady-state heat transport in phase-change and classical Rayleigh-Bénard convection for a wide range of Stefan number and Rayleigh number[J]. Phys Fluids, 2019, 31(9): 096605.

[81] PURSEED J, FAVIER B, DUCHEMIN L, et al. Bistability in Rayleigh-Bénard convection with a melting boundary[J]. Phys Rev Fluids, 2020, 5(2): 023501.

[82] TOPPALADODDI S. Nonlinear interactions between an unstably stratified shear flow and a phase boundary[J]. J Fluid Mech, 2021, 919: A28.

[83] VASIL G M, PROCTOR M R E. Dynamic bifurcations and pattern formation in melting-boundary convection[J]. J Fluid Mech, 2011, 686: 77-108.

[84] MADRUGA S, CURBELO J. Dynamic of plumes and scaling during the melting of a phase change material heated from below[J]. Int J Heat Mass Transf, 2018, 126(B): 206-220.

[85] KAMKARI B, SHOKOUHMAND H, BRUNO F. Experimental investigation of the effect of inclination angle on convection-driven melting of phase change material in a rectangular enclosure[J]. Int J Heat Mass Transf, 2014, 72(5): 186-200.

[86] DAVIS S H, MÜLLER U, DIETSCHE C. Pattern selection in single-component systems coupling Bénard convection and solidification[J]. J Fluid Mech, 1984, 144: 133-151.

[87] DIETSCHE, C, MÜLLER U. Influence of Bénard convection on solid-liquid interfaces[J]. J Fluid Mech, 1985, 161: 249-268.

[88] SUGAWARA M, IRVINE T F. The effect of concentration gradient on the melting of a horizontal ice plate from above[J]. Int J Heat and Mass Transf, 2000, 43(9): 1591-1601.

[89] SUGAWARA M, TAMURA E, SATOH Y, et al. Visual observations of flow structure and melting front morphology in horizontal ice plate melting from above into a mixture[J]. Heat Mass Transf, 2007, 43(10): 1009-1018.

[90] MERGUI S, GEOFFROY S, BÉNARD C. Ice block melting into a binary solution: coupling of the interfacial equilibrium and the flow structures[J]. J Heat Transfer, 2002, 124(6): 1147-1157.

[91] DHAIDAN N S, KHODADADI J M. Melting and convection of phase change materials in different shape containers: a review[J]. Renew Sustain Energy Rev, 2015, 43: 449-477.

[92] HU Y, LI D, SHU S, et al. Lattice Boltzmann simulation for three-dimensional natural convection with solid-liquid phase change[J]. Int J Heat and Mass Transf, 2017, 113: 1168-1178.

[93] SUGAWARA M, KOMATSU Y, BEER H. Melting and freezing around a horizontal cylinder placed in a square cavity[J]. Heat Mass Transf, 2008, 45(1): 83.

[94] CANUEL E A, CAMMER S S, MCINTOSH H A, et al. Climate change impacts on the organic carbon cycle at the land-ocean interface[J]. Annu Rev Earth Planet Sci, 2012, 40: 685-711.

[95] NIEMELA J J, SKRBEK L, SREENIVASAN K R. Turbulent convection at very high Rayleigh numbers[J]. Nature, 2000, 404(6780): 837-840.

[96] 王晋军, 夏克青. Rayleigh-Bénard 湍流对流实验研究进展[J]. 力学进展, 1999, 29(4): 557-566.

[97] 周全, 夏克青. Rayleigh-Bénard 湍流热对流研究的进展、现状及展望[J]. 力学进展, 2012, 42(3): 231-251.

[98] CACCIA M, TABANDEH-KHORSHID M, ITSKOS G, et al. Ceramic-metal composites for heat exchangers in concentrated solar power plants[J]. Nature, 2018, 562(7727): 406-409.

[99] VOGT T, HORN S, GRANNAN A M, et al. Jump rope vortex in liquid metal convection[J]. Proc Natl Acad Sci USA, 2018, 115(50): 12674-12679.

[100] SPIELHAGEN R F, WERNER K, SØRENSEN S A, et al. Enhanced modern heat transfer to the arctic by warm atlantic water[J]. Science, 2011, 331(6016): 450-453.

[101] CHENG L J, ABRAHAM J, HAUSFATHER Z, et al. How fast are the oceans warming?[J]. Science, 2019, 363(6423): 128-129.

[102] WYNGAARD J C. Atmospheric turbulence[J]. Annu Rev Fluid Mech, 1992, 24(1): 205-234.

[103] WOODS A W. Turbulent plumes in nature[J]. Annu Rev Fluid Mech, 2010, 42: 391-412.

[104] JIANG X, LUO K H. Combustion-induced buoyancy effects of an axisymmetric reactive plume[J]. Proc Combust Inst, 2000, 28(2): 1989-1995.

[105] WEISS N. Turbulent magnetic fields in the sun[J]. Astron Geophys, 2001, 42(3): 3-10.

[106] THOMPSON A B. Water in the earth's upper mantle[J]. Nature, 1992, 358(6384): 295-302.

[107] BROWN G L, ROSHKO A. On density effects and large structure in turbulent mixing layers[J]. J Fluid Mech, 1974, 64(4): 775-816.

[108] HOLZER M, SIGGIA E D. Turbulent mixing of a passive scalar[J]. Phys Fluids, 1994, 6(5): 1820-1837.

[109] DIMOTAKIS P E. Turbulent mixing[J]. Annu Rev Fluid Mech, 2005, 37: 329-356.

[110] SREENIVASAN K R. Turbulent mixing: a perspective[J]. Proc Natl Acad Sci USA, 2019, 116(37): 18175-18183.

[111] ZHOU S Q, XIA K Q. Scaling properties of the temperature field in convective turbulence[J]. Phys Rev Lett, 2001, 87(6): 064501.

[112] SHANG X D, TONG P, XIA K Q. Scaling of the local convective heat flux in turbulent Rayleigh-Bénard convection[J]. Phys Rev Lett, 2008, 100(24): 244503.

[113] XIE Y C, XIA K Q. Turbulent thermal convection over rough plates with varying roughness geometries[J]. J Fluid Mech, 2017, 825: 573-599.

[114] 王文博. 粗糙表面在热对流中对传热弱化的实验研究[D]. 黑龙江：哈尔滨工业大学, 2019.

[115] LU H Y, DING G Y, SHI J Q, et al. Heat-transport scaling and transition in geostrophic rotating convection with varying aspect ratio[J]. Phys Rev Fluids, 2021, 6(7): L071501.

[116] ZHONG J Q, AHLERS G. Heat transport and the large-scale circulation in rotating turbulent Rayleigh-Bénard convection[J]. J Fluid Mech, 2010, 665: 300-333.

[117] 张继明. 长方体腔内纳米流体 Rayleigh-Bénard 对流数值模拟研究[D]. 重庆：重庆大学, 2012.

[118] 孙斌, 程莹莹, 刘亮. 纳米流体 Rayleigh-Bénard 自然对流形成及换热的数值模拟[J]. 水动力学研究与进展：A 辑, 2017, 32(1): 63-71.

[119] KIM J, KANG Y T, CHOI C K. Analysis of convective instability and heat transfer characteristics of nanofluids[J]. Phys Fluids, 2004, 16(7): 2395-2401.

[120] HU S Y, WANG K Z, JIA L B, et al. Enhanced heat transport in thermal convection with suspensions of rod-like expandable particles[J]. J Fluid Mechs, 2021, 928.

[121] KOYAGUCHI T, HALLWORTH M A, HUPPERT H E, et al. Sedimentation of particles from a convecting fluid[J]. Nature, 1990, 343(6257): 447-450.

[122] JOSHI P, RAJAEI H, KUNNEN R P J, et al. Effect of particle injection on heat transfer in rotating Rayleigh-Bénard convection[J]. Phys Rev Fluids, 2016, 1(8): 084301.

[123] WEI P, NI R, XIA K Q, et al. Enhanced and reduced heat transport in turbulent thermal convection with polymer additives[J]. Phys Rev E, 2012, 86(1): 016325.

[124] XIE Y C, HUANG S D, FUNFSCHILLING D, et al. Effects of polymer additives in the bulk of turbulent thermal convection[J]. J Fluid Mech, 2015, 784.

[125] MATHAI V, LOHSE D, SUN C. Bubbly and buoyant particle-laden turbulent flows[J]. Annu Rev Condens Matter Phys, 2020, 11(1): 529-559.

[126] SATO Y, SADATOMI M, SEKOGUCHI K. Momentum and heat transfer in two-phase bubble flow—I. theory[J]. Int J Multiphas Flow, 1981, 7(2): 167-177.

[127] SATO Y, SADATOMI M, SEKOGUCHI K. Momentum and heat transfer in two-phase bubble flow—II. a comparison between experimental data and theoretical calculations[J]. Int J Multiphas Flow, 1981, 7(2): 179-190.

[128] DABIRI S, TRYGGVASON G. Heat transfer in turbulent bubbly flow in

vertical channels[J]. Chem Eng Sci, 2015, 122: 106-113.

[129] KITAGAWA A, KOSUGE K, UCHIDA K, et al. Heat transfer enhancement for laminar natural convection along a vertical plate due to sub-millimeter-bubble injection[J]. Exp Fluids, 2008, 45(3): 473-484.

[130] KITAGAWA A, UCHIDA K, HAGIWARA Y. Effects of bubble size on heat transfer enhancement by sub-millimeter bubbles for laminar natural convection along a vertical plate[J]. Int J Heat Mass Transf, 2009, 30(4): 778-788.

[131] KITAGAWA A, MURAI Y. Natural convection heat transfer from a vertical heated plate in water with microbubble injection[J]. Chem Eng Sci, 2013, 99: 215-224.

[132] DECKWER W D. On the mechanism of heat transfer in bubble column reactors[J]. Chem Eng Sci, 1980, 35(6): 1341-1346.

[133] LIU H R, CHONG K L, NG C S, et al. Enhancing heat transport in multiphase Rayleigh-Bénard turbulence by changing the plate-liquid contact angles[J]. J Fluid Mech, 2022, 933: R1.

[134] ALBOUSSIERE T, DEGUEN R, MICKAEEL M. Melting-induced stratification above the earth's inner core due to convective translation[J]. Nature, 2010, 466(7307): 744-747.

[135] EPSTEIN M, CHEUNG F B. Complex freezing-melting interfaces in fluid flow[J]. Annu Rev Fluid Mech, 1983, 15(1): 293-319.

[136] VERONIS G. Penetrative convection[J]. Astrophys J, 1963, 137: 641.

[137] LÉARD P, FAVIER B, LE GAL P, et al. Coupled convection and internal gravity waves excited in water around its density maximum at 4°C[J]. Phys Rev Fluids, 2020, 5: 024801.

[138] LARGE E, ANDERECK C D. Penetrative Rayleigh-Bénard convection in water near its maximum density point[J]. Phys Fluids, 2014, 26(9): 094101.

[139] SAUNDERS P M. Penetrative convection in stably stratified fluids[J]. Tellus, 1962, 14(2): 177-194.

[140] HANASOGE S, GIZON L, SREENIVASAN K R. Seismic sounding of convection in the sun[J]. Annu Rev Fluid Mech, 2016, 48: 191-217.

[141] DEARDORFF J W, WILLIS G E, LILLY D K. Laboratory investigation of non-steady penetrative convection[J]. J Fluid Mech, 1969, 35(1): 7-31.

[142] TENNEKES H. A model for the dynamics of the inversion above a convective boundary layer[J]. J Atmos Sci, 1973, 30(4): 558-567.

[143] FARMER D M. Penetrative convection in the absence of mean shear[J]. Q J R Meteorol. Soc, 1975, 101: 869.

[144] TOWNSEND A A. Natural convection in water over an ice surface[J]. Q J R Meteorol. Soc, 1964, 90(385): 248-259.

[145] VERZICCO R, SREENIVASAN K R. A comparison of turbulent thermal convection between conditions of constant temperature and constant heat flux[J]. J Fluid Mech, 2008, 595: 203-219.

[146] MAHRT L, LENSCHOW D H . Growth dynamics of the convectively mixed layer[J]. J Atmos Sci, 1976, 33(1): 41-51.

[147] TOPPALADODDI S, WETTLAUFER J S. Penetrative convection at high Rayleigh numbers[J]. Phys Rev Fluids, 2018, 3(4): 043501.

[148] WANG Q, ZHOU Q, WAN Z, et al. Penetrative turbulent Rayleigh-Bénard convection in two and three dimensions[J]. J Fluid Mech, 2019, 870: 718-734.

[149] LECOANET D, LE BARS M, BURNS K J, et al. Numerical simulations of internal wave generation by convection in water[J]. Phys Rev E, 2015, 91(6): 063016.

[150] COUSTON L A, LECOANET D, FAVIER B, et al. Dynamics of mixed convective-stably-stratified fluids[J]. Phys Rev Fluids, 2017, 2(9): 094804.

[151] SHOKOUHMAND H, KAMKARI B. Experimental investigation on melting heat transfer characteristics of lauric acid in a rectangular thermal storage unit[J]. Exp Therm Fluid Sci, 2013, 50: 201-212.

[152] MEMON A, MISHRA G, GUPTA A K. Buoyancy-driven melting and heat transfer around a horizontal cylinder in square enclosure filled with phase change material[J]. Appl Therm Eng, 181: 115990.

[153] MOORE F E, BAYAZITOGLU Y. Melting within a spherical enclosure[J]. J Heat Transfer, 1982, 104(1): 19-23.

[154] SATBHAI O, ROY S. Criteria for the onset of convection in the phase-change Rayleigh-Bénard system with moving melting-boundary[J]. Phys Fluids, 2020, 32(6): 064107.

[155] COUSTON L A, HESTER E, FAVIER B, et al. Topography generation by melting and freezing in a turbulent shear flow[J]. J Fluid Mech, 2021, 911: A44.

[156] HUBER C, PARMIGIANI A, CHOPARD B, et al. Lattice Boltzmann model for melting with natural convection[J]. Int J Heat Mass Transf, 2008, 29(5): 1469-1480.

[157] KARANI H, HUBER C. Lattice Boltzmann formulation for conjugate heat transfer in heterogeneous media[J]. Phys Rev E, 2015, 91(2): 023304.

[158] CHEN S, YAN Y Y, GONG W. A simple lattice Boltzmann model for conjugate heat transfer research[J]. Int J Heat Mass Transf, 2017, 107: 862-

870.

[159] FADEN M, KÖNIG-HAAGEN A, BRÜGGEMANN D. An optimum enthalpy approach for melting and solidification with volume change[J]. Energies, 2019, 12(5): 868.

[160] TANKIN R S, FARHADIEH R. Effects of thermal convection currents on formation of ice[J]. Int J Heat Mass Transf, 1971, 14(7): 953-961.

[161] SUGAWARA M, FUKUSAKO S, SEKI N. Experimental studies on the melting of a horizontal ice layer[J]. T Jpn Soc Mech Eng, 1975, 18(121): 714-721.

[162] BREWSTER R A, GEBHART B. An experimental study of natural convection effects on downward freezing of pure water[J]. Int J Heat Mass Transf, 1988, 31(2): 331-348.

[163] KEITZL T, MELLADO J P, NOTZ D. Impact of thermally driven turbulence on the bottom melting of ice[J]. J Phys Oceanogr, 2016, 46(4): 1171-1187.

[164] ZOLOTUKHINA O S, ARBUZOV V A, BERDNIKOV V S, et al. Integrated studies of convection and ice layer formation during cooling of the bottom of a rectangular cavity[J]. J Phys: Conference Series, 2019, 1382: 012203.

[165] BOGER D V, WESTWATER J W. Effect of buoyancy on the melting and freezing process[J]. J Heat Transfer, 1967, 89(1): 81-89.

[166] YEN Y C. Onset of convection in a layer of water formed by melting ice from below[J]. Phys Fluids, 1968, 11(6): 1263-1270.

[167] YEN Y C, GALEA F. Onset of convection in a water layer formed continuously by melting ice[J]. Phys Fluids, 1969, 12(3): 509-516.

[168] YEN Y C. Free convection heat transfer characteristics in a melt water layer [J]. J Heat Transfer, 1980, 102: 550-556.

[169] KOWALEWSKI T A, REBOW M. Freezing of water in a differentially heated cubic cavity[J]. Int J Comput Fluid D, 1999, 11(3-4): 193-210.

[170] OSORIO A, AVILA R, CERVANTES J. On the natural convection of water near its density inversion in an inclined square cavity[J]. Int J Heat Mass Transf, 2004, 47(19-20): 4491-4495.

[171] KIM M C, CHOI C K, YOON D Y. Analysis of the onset of buoyancy-driven convection in a water layer formed by ice melting from below[J]. Int J Heat Mass Transf, 2008, 51(21): 5097-5101.

[172] KUMAR V, SRIVASTAVA A, KARAGADDE S. Real-time observations of density anomaly driven convection and front instability during solidification of water[J]. J Heat Transfer, 2018, 140(4).

[173] LI Q, YANG H, HUANG R Z. Lattice Boltzmann simulation of solid-liquid phase change with nonlinear density variation[J]. Phys Fluids, 2021, 33(12): 123302.

[174] STEINHART J S, HART S R. Calibration curves for thermistors[J]. Deep Sea Research and Oceanographic Abstracts, 1968, 15(4): 497-503.

[175] SNARE M J, TRELOAR F E, GHIGGINO K P, et al. The photophysics of rhodamine b[J]. Journal of Photochemistry, 1982, 18(4): 335-346.

[176] ADRIAN R J. Particle-imaging techniques for experimental fluid mechanics [J]. Annu Rev Fluid Mech, 1991, 23(1): 261-304.

[177] WESTERWEEL J, ELSINGA G E, ADRIAN R J. Particle image velocimetry for complex and turbulent flows[J]. Annu Rev Fluid Mech, 2013, 45: 409-436.

[178] ALMÉRAS E, RISSO F, ROIG V, et al. Mixing by bubble-induced turbulence[J]. J Fluid Mech, 2015, 776: 458-474.

[179] ALMÉRAS E, RISSO F, ROIG V, et al. Mixing mechanism in a two-dimensional bubble column[J]. Phys Rev Fluids, 2018, 3(7): 074307.

[180] WANG Z, MATHAI V, SUN C. Self-sustained biphasic catalytic particle turbulence[J]. Nat Commun, 2019, 10(1): 1-7.

[181] MATHAI V, HUISMAN S G, SUN C, et al. Dispersion of air bubbles in isotropic turbulence[J]. Phys Rev Lett, 2018, 121(5): 054501.

[182] ERN P, RISSO F, FABRE D, et al. Wake-induced oscillatory paths of bodies freely rising or falling in fluids[J]. Annu Rev Fluid Mech, 2012, 44: 97-121.

[183] HOROWITZ M, WILLIAMSON C H K. Critical mass and a new periodic four-ring vortex wake mode for freely rising and falling spheres[J]. Phys Fluids, 2008, 20(10): 101701.

[184] HOROWITZ M, WILLIAMSON C H K. Vortex-induced vibration of a rising and falling cylinder[J]. J Fluid Mech, 2010, 662: 352-383.

[185] ALMÉRAS E, MATHAI V, LOHSE D, et al. Experimental investigation of the turbulence induced by a bubble swarm rising within incident turbulence [J]. J Fluid Mech, 2017, 825: 1091-1112.

[186] MATHAI V, ZHU X J, SUN C, et al. Flutter to tumble transition of buoyant spheres triggered by rotational inertia changes[J]. Nat Commun, 2018, 9(1): 1792.

[187] RIBOUX G, RISSO F, LEGENDRE D. Experimental characterization of the agitation generated by bubbles rising at high Reynolds number[J]. J Fluid Mech, 2010, 643: 509-539.

[188] MAGNUSON J J, ROBERTSON D M, BENSON B J, et al. Historical trends in lake and river ice cover in the northern hemisphere[J]. Science, 2000, 289(5485): 1743-1746.

[189] MAGEE M R, WU C H, ROBERTSON D M, et al. Trends and abrupt changes in 104 years of ice cover and water temperature in a dimictic lake in response to air temperature, wind speed, and water clarity drivers[J]. Hydrol Earth Syst Sci, 2016, 20(5): 1681-1702.

[190] PRESTON D L, CAINE N, MCKNIGHT D M, et al. Climate regulates alpine lake ice cover phenology and aquatic ecosystem structure[J]. Geophys Res Lett, 2016, 43(10): 5353-5360.

[191] MAGEE M R, WU C H. Effects of changing climate on ice cover in three morphometrically different lakes[J]. Hydrol Process, 2017, 31(2): 308-323.

[192] BRUMMELL N H, CLUNE T L, TOOMRE J. Penetration and overshooting in turbulent compressible convection[J]. Astrophys J, 2002, 570(2): 825.

[193] NYCANDER J, HIERONYMUS M, ROQUET F. The nonlinear equation of state of sea water and the global water mass distribution[J]. Geophys Res Lett, 2015, 42(18): 7714-7721.

[194] BILELLO M A. Water temperatures in a shallow lake during ice formation, growth, and decay[J]. Water Resour Res, 1968, 4(4): 749-760.

[195] ELLIS C R, STEFAN H G, GU R C. Water temperature dynamics and heat transfer beneath the ice cover of a lake[J]. Limnology and Oceanography, 1991, 36(2): 324-334.

[196] SVENSSON T. Temperature and heat exchange in lakes during winter[J]. Swedish Council for Building Research, 1987, 97: 145.

[197] MALM J. Bottom buoyancy layer in an ice-covered lake[J]. Water Resour Res, 1998, 34(11): 2981-2993.

[198] MALM J, TERZHEVIK A, BENGTSSON L, et al. Temperature and salt content regimes in three shallow ice-covered lakes: 1. temperature, salt content, and density structure[J]. Hydrol Res, 1997, 28(2): 99-128.

[199] SIEMS S T, BRETHERTON C S, BAKER M B, et al. Buoyancy reversal and cloud-top entrainment instability[J]. Q J R Meteorol Soc, 1990, 116(493): 705-739.

[200] MELLADO J P. The evaporatively driven cloud-top mixing layer[J]. J Fluid Mech, 2010, 660: 5-36.

[201] HEMMATI M, MOYNIHAN C T, ANGELL C A. Interpretation of the molten BeF_2 viscosity anomaly in terms of a high temperature density maximum, and other waterlike features[J]. J Chem Phys, 2001, 115(14): 6663-

6671.

[202] HIDALGO J J, FE J, CUETO-FELGUEROSO L, et al. Scaling of convective mixing in porous media[J]. Phys Rev Lett, 2012, 109(26): 264503.

[203] PELLEW A, SOUTHWELL R V. On maintained convective motion in a fluid heated from below[J]. Proc R Soc A, 1940, 176(966): 312-343.

[204] DOMINGUEZ-LERMA M A, AHLERS G, CANNELL D S. Marginal stability curve and linear growth rate for rotating Couette-Taylor flow and Rayleigh-Bénard convection[J]. Phys Fluids, 1984, 27(4): 856-860.

[205] VAN DER POEL E P, STEVENS R J A M, LOHSE D. Comparison between two- and three-dimensional Rayleigh–Bénard convection[J]. J Fluid Mech, 2013, 736: 177-194.

[206] STEVENS R J A M, VAN DER POEL E P, GROSSMANN S, et al. The unifying theory of scaling in thermal convection: The updated prefactors[J]. J Fluid Mech, 2013, 730: 295-308.

[207] ALEXIADES V. Mathematical modeling of melting and freezing processes [M]. Boca Raton, USA: CRC Press, 1992.

[208] SUCCI S. The lattice-Boltzmann equation: for fluid dynamics and beyond [M]. USA: Oxford university press, 2001.

[209] GEBHART B, MOLLENDORF J C. A new density relation for pure and saline water[J]. Deep Sea Research, 1977, 24(9): 831-848.

[210] DASH J G, REMPEL A W, WETTLAUFER J S. The physics of premelted ice and its geophysical consequences[J]. Rev Mod Phys, 2006, 78(3): 695.

[211] JENKINS W J. Tracers of ocean mixing[J]. The Oceans and Marine Geochemistry, 2003: 223-246.

[212] HIROSE K, LABROSSE S, HERNLUND J. Composition and state of the core[J]. Annu Rev Earth Planet Sci, 2013, 41: 657-691.

[213] HUPPERT H E, TURNER J S. On melting icebergs[J]. Nature, 1978, 271(5640): 46-48.

[214] RUSSELL-HEAD D S. The melting of free-drifting icebergs[J]. Ann Glaciol, 1980, 1: 119-122.

[215] RIGNOT E, JACOBS S, MOUGINOT J, et al. Ice-shelf melting around antarctica[J]. Science, 2013, 341(6143): 266-270.

[216] KOUSHA N, HOSSEINI M J, ALIGOODARZ M R, et al. Effect of inclination angle on the performance of a shell and tube heat storage unit: an experimental study[J]. Appl Therm Eng, 2017, 112: 1497-1509.

[217] POGORELOVA A V, ZEMLYAK V L, KOZIN V M. Moving of a submarine under an ice cover in fluid of finite depth[J]. J Hydrodyn, 2019, 31(3): 562-

569.

[218] CORCIONE M, QUINTINO A. Penetrative convection of water in cavities cooled from below[J]. Comput Fluids, 2015, 123: 1-9.

[219] AYURZANA B, HOSOYAMADA T. Phase change simulations of water near its density inversion point by lattice Boltzmann method[C]//Proceedings of the 23rd IAHR International Symposium on ice.[S.l.:s.n.], 2016: 1-8.

[220] INABA H, FUKUDA T. Natural convection in an inclined square cavity in regions of density inversion of water[J]. J Fluid Mech, 1984, 142: 363-381.

[221] QUINTINO A, RICCI E, GRIGNAFFINI S, et al. Optimal inclination for maximum convection heat transfer in differentially-heated enclosures filled with water near 4℃[J]. Heat Transfer Eng, 2018, 39(6): 499-510.

[222] KAMKARI B, AMLASHI H J . Numerical simulation and experimental verification of constrained melting of phase change material in inclined rectangular enclosures[J]. Int Commun Heat Mass Transf, 2017, 88: 211-219.

[223] ZENG L, LU J, LI Y, et al. Numerical study of the influences of geometry orientation on phase change material's melting process[J]. Advances in mechanical engineering, 2017, 9(10): 1687814017720084.

[224] MADRUGA S, CURBELO J. Effect of the inclination angle on the transient melting dynamics and heat transfer of a phase change material[J]. Phys Fluids, 2021, 33(5): 055110.

[225] CALZAVARINI E. Eulerian–Lagrangian fluid dynamics platform: the CH_4-project[J]. Software Impacts, 2019, 1: 100002.

[226] WANG Z Q, CALZAVARINI E, SUN C, et al. How the growth of ice depends on the fluid dynamics underneath[J]. Proc Natl Acad Sci, 2021, 118 (10).

[227] BEJAN A. Convection heat transfer[M]. Hoboken, New Jersey: John wiley & sons, 2013.

[228] WHITE F M, CORFIELD I. Viscous fluid flow: volume 3[M]. New York, USA: McGraw-Hill, 2006.

[229] SHISHKINA O. Momentum and heat transport scalings in laminar vertical convection[J]. Phys Rev E, 2016, 93(5): 051102.

[230] WANG Z Q, JIANG L F, DU Y H, et al. Ice front shaping by upward convective current[J]. Phys Rev Fluids, 2021, 6(9): L091501.

[231] LUIJKX J M, PLATTEN J K. On the onset of free convection in a rectangular channel[J]. J Non-Equilibrium Thermodynam, 1981, 6(141).

[232] CHANDRASEKHAR S. Hydrodynamic and hydromagnetic stability[M]. Chicago: Courier Corporation, 2013.

[233] ZWIRNER L, TILGNER A, SHISHKINA O. Elliptical instability and multiple-roll flow modes of the large-scale circulation in confined turbulent Rayleigh-Bénard convection[J]. Phys Rev Lett, 2020, 125(5): 054502.

[234] TOPPALADODDI S, WETTLAUFER J S. The combined effects of shear and buoyancy on phase boundary stability[J]. J Fluid Mech, 2019, 868: 648-665.

[235] RAVICHANDRAN S, WETTLAUFER J S. Melting driven by rotating Rayleigh-Bénard convection[J]. J Fluid Mech, 2021, 916: A28.

在学期间完成的相关学术成果

[1] **Wang Z Q**, Mathai V, Sun C. Self-sustained biphasic catalytic particle turbulence[J]. **Nature Communications**, 2019, 10(1): 1-7. (SCI 收录，检索号：000477704700005，影响因子：14.919)

[2] **Wang Z Q**, Mathai V, Sun C. Experimental study of the heat transfer properties of self-sustained biphasic thermally driven turbulence[J]. **International Journal of Heat and Mass Transfer**, 2020, 152: 119515. (SCI 收录，检索号：000528005400041，影响因子：5.584）

[3] **Wang Z Q**, Calzavarini E, Sun C, Toschi F. How the growth of ice depends on the fluid dynamics underneath[J]. **Proceedings of the National Academy of Sciences (PNAS)**, 2021, 118(10). (SCI 收录，检索号：000627429100026，影响因子：11.205）

[4] **Wang Z Q**, Jiang L F, Du Y H, Sun C, Calzavarini E. Ice front shaping by upward convective current[J]. **Physical Review Fluids**, 2021, 6(9): L091501. (SCI 收录，检索号：000704797200004，影响因子：2.537）

[5] **Wang Z Q**, Calzavarini E, Sun C. Equilibrium states of the ice-water front in a differentially heated rectangular cell (a)[J]. **EPL (Europhysics Letters)**, 2021, 135(5): 54001. (SCI 收录，检索号：000731518700005，影响因子：1.947）

[6] **王子奇**，Mathai V，孙超. 两相“类催化性颗粒”湍流. 第十一届全国流体力学会议，深圳，2020.（国内会议，口头报告）

[7] **Wang Z Q**, Mathai V, Sun C. Self-sustained biphasic catalytic particle turbulence. The 72nd Annual Meeting of the APS Division of Fluid Dynamics, Seattle, USA, 2019.（国际会议，口头报告）

[8] 第十一届全国实验流体力学学术会议，天津，2019.（国内会议，参会）

[9] The 8th International Conference on Rayleigh-Bénard Turbulence, Enschede, Netherlands, 2018.（国际会议，参会）

致　谢

在 2016 年的盛夏，我参加了清华大学燃烧能源中心的夏令营，彼时，我的命运在遇到孙超教授的那一刻发生了改变：衷心感谢我的导师孙超教授为我打开多相湍流这一科学领域的大门，让我置身其中，流连忘返。感谢孙老师五年来的悉心指导和栽培，以及一直以来对我倾注的心血；感谢孙老师在我博士旅途中的每一份帮助、教诲、关心和鼓励。作为一名青年学者，孙老师对科研的热爱、敏锐和严谨深深影响着我，在孙老师的身上，我深刻体会到了一个纯粹的科学家应有的姿态，这启发和激励着我在探索科学未知的道路上披荆斩棘、勇往直前。感谢孙老师对我人生的启迪，孙老师以其人格魅力潜移默化地感染着我，每一次的畅谈都能带给我无所畏惧的勇气和无穷无尽的精神力量。一日为师，终生为师，孙老师是我一生的榜样和学习的标杆！

特别感谢美国马萨诸塞大学 Varghese Mathai 教授，在我完成沸腾方向的学术工作时给我提供的帮助和指导；特别感谢荷兰埃因霍温科技大学 Federico Toschi 教授，在我初涉结冰方向时给我的帮助和指导；特别感谢法国里尔大学 Enrico Calzavarini 助理教授，在我深入探索固-液相变问题时给我的帮助和指导。感谢荷兰特文特大学 Detlef Lohse 教授和 Sander G. Huisman 助理教授对我思路的启发和无私的指导。

感谢清华大学能源与动力工程系罗先武教授、刘树红教授，燃烧能源中心杨斌教授、许雪飞副教授、超星助理教授，清华大学航天航空学院赵立豪副教授及北京大学杨延涛研究员对我博士课题及博士学位论文的建议和指导。感谢清华大学燃烧能源中心罗忠敬教授、于溯源教授对我无私的建议和帮助。感谢能源与动力工程系刘红老师对我的关心和指导。感谢课题组的师兄、师弟、师妹们对我热情的帮助，感谢你们给我科研上的建议和生活上的关心，在这样一个有爱的大家庭里度过人生最具成长意义的五年是一种快乐和幸福！你们将是我一生的朋友！

感谢父母和家人做我最坚强的后盾，感谢父母对我的包容、呵护、支持和信任，让我自由追逐心中的梦想，让我勇敢面对生活的困难，你们是我前行的力量之源；感谢挚友给我的关心和激励，让我在他乡感受到被温暖包围的充盈；感谢爱人一路的陪伴，携手经历过风雨和云雷，让我有力量付出不亚于任何人的努力，让我有勇气成为主宰自己的王者！

悟已往之不谏，知来者之可追。特别感谢和感激我的导师孙超教授提供给我继续深造的机会，让我拥有重新开始的勇气；特别感谢 Federico Toschi 教授提供给我丰富的研究课题，让我能够继续在科研的百花园中徜徉。

感谢清华大学出版社提供给我一个可以分享自己博士期间研究成果的机会，感谢程洋编辑在本书准备出版期间给予的建议和帮助。本书中的研究课题承蒙国家自然科学基金（科学中心项目 11988102，重点项目 91852202，面上项目 11672156 和中德国际合作项目 11861131005）资助，特此致谢。

王子奇

2023 年 6 月